U0044422

故事行銷

寫文案，先學故事，
照樣造句寫出商業級的爆文指南

小說教學網「故事革命」創辦人
——李洛克 著

STORY
TELLING
MARKETING

前言
將值得說的，好好說好

如同商品需要文案包裝，我們人生也需要故事封裝

二〇一六年夏天，我帶著合作寫手，到板橋採訪一位四十多歲的女性視障者。當時我正籌備一本與公部門合作的公益出版品，之後還有影像製作與千人行銷活動要執行，忙得不可開交。

採訪結束要走之時，我與受訪的視障者禮貌性握了握手，但她突如其來用雙手將我的手抓緊，有些激動地對我說：「謝謝你看到我身上的故事。」

她過分感激的姿態反倒讓我有些不好意思。

她說，當初接到我的電話邀約，要為她做一則個人專訪時，她本來想要婉拒的。因為她覺得自己只是一個平凡人，實在沒有什麼好被報導的。

但她聽到電話另一頭的我對她說：「我相信妳一定也有妳的故事。」就是這句話讓她對自己有了一些自信，鼓起勇氣接受這次的採訪，成果也讓她相當滿意。

出版品面市一陣子後，我們在一場活動上再見面，我嚇了一跳，她整個人好像亮了起來，從表情、肢體到語調，都不像是之前採訪時有些黯淡陰鬱的感覺。她笑著對我說，現在的她逢人就會說起自己的故事，她開心地說：「我現在已經是一個有故事的人了。」

原來，成為一個有故事的人，能說自己的故事，是一件這麼讓人幸福的事。

這也是我想將本書分享給你的原因。

我是一個標準的π型人，同時熱愛寫作與行銷。

寫作圈的朋友介紹我時，總會說我是有能力自造流量的新型寫作者。

在企業進行故事行銷內訓時，引言人則會介紹我同時也是小說家與電影編劇。

說故事與做行銷這兩個看似不相干的專長，對我來說其實是同一件事，都是將商品或理念透過提煉與設計後，傳達給目標受眾，引發他們心中的感觸，創造正向的迴響。

簡單來說就是：「將值得說的，好好說好。」
這是故事行銷的任務，也是你我人生的責任。

時間慢慢帶走了我們的生命，卻也在我們的生命中累積了故事。
我曾經因失去親人而痛哭、我曾經從絕望的低谷中爬出、我曾經因幫助了他人而感到滿足，這些都是我的故事，而你一定也有。

如同商品需要文案包裝，我們人生也需要故事封裝。

雖然本書主講故事行銷，能讓你的品牌或商品故事有個明確的作法，但其實這些技巧同樣也能幫助你寫好你的生命故事。

我相信你一定也有你的故事。

請你好好享受這本書，從裡頭盡情搜括對你有用的技術，然後用它為你的商品寫文案，更要用它為你的人生寫故事。

感受一下，能說自己的故事，是一件多麼幸福的事。

目錄

前言　將值得說的，好好說好　003

1 DEFINITION　定義「故事行銷」

01 故事行銷到底在做什麼？　010
02 行銷力：將商品推到需要的人手上　022
03 文案力：提醒受眾，他需要你的商品　038
04 故事力：用人物情感歷程感召讀者　050
05 故事行銷的最大用途　062

2 PROCEDURE　故事發想與流程

06 商用故事流程　070
07 發想故事情境：口訣「功解情」　073
08 發展故事情節：口訣「常境變」　082

09 發動故事情感：口訣「高重利」 102
10 總結故事流程 120

3

ELEMENTS 要素拆解

11 什麼是好故事：口訣「劇情簡易基金」 130
12 故事優化六字魔法口訣㈠：具體 133
13 故事優化六字魔法口訣㈡：情感 141
14 故事優化六字魔法口訣㈢：簡單 155
15 故事優化六字魔法口訣㈣：意外 164
16 故事優化六字魔法口訣㈤：機制 172
17 故事優化六字魔法口訣㈥：金句 183
18 不說故事的魔法 194

目錄

4 EXAMPLE 經典範例解析

19 瘋傳社群貼文解析&訣竅 208
20 有感電視廣告解析&訣竅 212
21 人氣平面文宣解析&訣竅 217
22 有感微電影解析&訣竅 222
23 生活時事議題解析&訣竅 227
24 爆紅 TED 演説解析&訣竅 234
25 人氣節目腳本解析&訣竅 240

結尾 靠故事行銷打動人心 246

感謝與書單 250

PART 1 DEFINITION

定義「故事行銷」

01 故事行銷到底在做什麼？

為事物附加心理價值，改變受眾原有的觀感

你能不能嘗試自己解釋一下「故事行銷」是什麼呢？要學故事行銷，總該先知道它到底是什麼吧！你想了想，修正幾次後，應該可以說出類似的話：

「透過故事包裝商品，讓商品形象變好，更容易被民眾記憶與討論，最後達成提高銷售的目的。」

可能詞彙上有些不同，但大抵意思應該一樣，都是認為故事可以為商品加分，故事容易被傳播，故事能夾帶情感。

如果你覺得這樣還不夠清楚，你決定上網查一下故事行銷的定義，你可能找到類似這樣的說明：

「故事行銷，就是以故事為載體包裝商品，促使顧客行動的行銷模式。顧客透

過故事情境描繪對未來的期待、觸動內心情感、感召崇高理念，讓故事價值觀或商品形象得以長存人心，甚至引發傳播與討論。」

以上是我將網路上多種對故事行銷的定義，統整改寫後的產物。如果你是參加考試，這份定義應該可以幫你拿分了。但有沒有更白話好懂的說法，讓我明確知道該怎麼做故事行銷呢？

再請你思考一個問題，「故事行銷」跟「說故事」有什麼不同？

我猜猜看，你可能會說：

「故事行銷是『有目的的說故事』，背後有銷售或特定行動的需求，所以需要設定目標，包裝商品。」

聽起來滿合情合理、有模有樣，對吧？這是我主講多場故事行銷輔導課程，最常聽到的回答。如果上述是正確成立，那我是不是可以這樣說：

故事行銷就是「為商品說一個故事」囉？

正因為許多民眾都認為是這樣，所以文創產業或故事行銷就變成了編故事大賽，鳳梨酥有故事、茶葉蛋有故事、魷魚羹也有故事。

舉凡公部門辦的活動、地方商家的做法、中小企業的跟風，全是這樣的作法，不管什麼商品、什麼文化、什麼活動，先為它編一個故事就對了。

過度氾濫之下，終於讓民眾看到商品故事就想偷笑，看到故事行銷就覺得是說謊吹牛。你也可以問問你自己，你真的被商品或品牌故事打動過幾次呢？如果很少被打動，那是說故事的技巧不夠好呢，還是說故事其實是無效的呢？

說故事無效實在是太違反我們的認知了，畢竟電影戲劇總是讓一堆觀眾感動流淚。問題只是在故事與行銷該怎麼結合罷了。

現在，我想將問題反過來問：**故事行銷可不可以「不說故事」呢？**

看到這，你一定覺得太矛盾了吧！都名為「故事行銷」了，怎麼還可以不說故事呢？

當然做得到，至於怎麼做，請放心，我後面會告訴你。

我想先讓你知道的是，**當故事行銷只流於說故事的時候，手法就被限制住了。**

到底故事行銷的本質是什麼？我想先跟你說一個超酷的行銷案例。

故事行銷的本質

二〇〇八年加拿大麥片餅乾廠商雪帝士（Shreddies）是當地的老牌子，它是一種正方形的餅乾。將麥片餅乾泡進牛奶當早餐吃也不是什麼新鮮事，銷量穩定的雪帝士從另一個角度來解讀就是銷量成長停滯，這時行銷人員的難題就在於，如何突破銷量呢？

當然，如果公司有大筆預算可以製作高質感廣告、提升產品品質、投放媒體大量曝光，要讓銷量再成長不是難事。

但你也知道，行銷人員最大的困境永遠是手上沒人沒錢甚至沒有時間，卻依然要做出讓老闆滿意的成績。

因此，雪帝士行銷人員的難題正確來說是：如何用最低的成本突破銷量？

砸大錢找明星代言？不可能。將配方升級或增加份量？也不可能。將廣告長時間在熱門時段放送？那超貴的，更不可能。

這時行銷人員靈機一動，決定將方形餅乾全新改版上市！

慢著，全新改版上市也要花大錢吧。就算僅僅是將正方形的餅乾改成圓形，整個產線恐怕也要大改造啊！

這點行銷人員當然也知道，於是他們決定將正方形的餅乾改版為「全新鑽石形雪帝士」上市，就像下面的圖片。

等等，你應該會傻了一下，接著大喊，騙誰啊，這明明是一樣的東西啊！只不過是將原本的正方形的餅乾轉了四十五度而已，根本什麼都沒變啊！

不不不！不是這樣的，雪帝士不停在文宣上主打，原本的正方形超無聊，而新版的鑽石形則是非常令人興奮呀！

摸著良心說，這聽起來實在有點把人當白痴耍，顧客沒有這麼笨吧！的確，顧客沒有這麼笨，雪帝士行銷人員更不是大笨蛋，他們要玩這招之前，已經做過了市場調查。

新款雪帝士鑽石餅乾的文宣（來源：adforum）

他們找來了一批民眾實驗，同時陳列新舊版本，問他們看到兩者的感覺，也請他們吃吃看新舊兩版哪種比較好吃（雖然明明是一模一樣）。

當然，有些民眾一看到新舊兩版就笑了，也有民眾直接說這根本一樣吧，他們的睿智就如同你我一樣，一眼就看出了這根本是一樣的東西。

但有意思的事發生了，也有部分民眾說了，他覺得新版本感覺比較有趣，甚至有民眾吃完了兩版之後，相當肯定地說：「鑽石的比較好吃！」這又該怎麼解釋呢？

雖然實驗結果有些民眾支持新版鑽石形，但雪帝士知道這樣的創意做法其實有些風險，不是每個加拿大人都能接受「所謂的新版」。

於是他們決定在鑽石新版之外，推出另一個折衷方案，滿足喜歡舊版的顧客。他們決定推出「正方形＋鑽石形」的組合包，一包內就混合裝了新舊兩個版本（雖然根本沒有人可以區分），要新要舊你說了算。

直到這裡，你是不是依然覺得這是一場鬧劇呢？但數字會說話，新版鑽石雪帝士推出了一個月，銷量就上升了百分之十八。

這超級可怕呀，因為以實質改變來說，雪帝士其實什麼都沒有做啊。

但不只如此，更誇張的是在品牌認知度上，雪帝士比競爭對手遠遠高出百分之五十二，狠狠把對手甩在後頭，而且別忘了，它們實際上什麼改變都沒有，只是硬把正方形說成鑽石形啊！這到底是什麼巫術啊？

其實這一整套的行銷手法，正是故事行銷在做的事。

故事行銷做的到底是什麼？我會這樣說：

故事行銷就是為事物附加心理價值。

想想剛剛一系列活動，雪帝士到底為他們的麥片餅乾附加了什麼心理價值呢？難道真的轉了四十五度之後，麥片就會神奇般從超無聊變成令人興奮嗎？當然不是的。

模擬一下，如果這件真的在台灣發生了，你其實跟所有人一樣，知道這只是一場假正經的搞笑，但你心中對於雪帝士這個品牌會有什麼想法呢？

是不是會覺得這是一間超有哏、超有創意、超級有趣的公司呢？連帶的，你會想知道一件事，「正方形」跟「鑽石形」吃起來真的一樣嗎？雖然明知道會是一樣的，但你應該還是會忍不住想買一盒來吃吃看吧！

就算味道真的一樣好了，你還可以用它來跟你的朋友閒聊，成為你的趣味話題，因為新聞上、網路上大家都在討論它啊！這樣想想，這盒麥片餅乾買得真是太划算了！

創意、有趣、幽默、成為話題，就是雪帝士真正為麥片餅乾附加的正向心理價值。

而故事行銷為商品編故事這一招，其實也是希望透過感動或有趣的故事內容，為商品附加正向的心理價值。

這時你可能懷疑，人腦真的有這麼脆弱嗎？同樣的事物附加了心理價值就會改變我們對它的感受？沒那麼簡單吧！

沒關係，我再跟你分享一個有趣的街頭實驗。

心理價值能改變觀感

先問，你吃過麥當勞吧，你覺得它好吃嗎？如果我說麥當勞其實可以算得上是「美食」，你同意嗎？

說麥當勞好吃，你可能勉強同意（當然一定也有人不同意）。但要說麥當勞是美食，應該就很少人會認同了。

但你知道對許多美食家來說，麥當勞其實是一種「高檔美食」喔！

二〇一四年有兩名荷蘭男子跑去麥當勞買了漢堡雞塊，接著到高檔餐廳的美食展，將漢堡雞塊重新切塊，插上小牙籤，擺在精美的瓷盤上。

兩人一位扮演服務生，一位扮演電視台記者，請在場的美食家們試吃這些「有機食材料理」並評論。結果美食家們怎麼說呢？

有人說：「肉質扎實，很好吃。」，也有人說：「這肉的味道很濃厚豐富。」，甚至有人說：「感受到嘴裡釋放的溫度，有很多不同層次的味道跑出來。」

天啊，這真的是太扯了！最後假記者還故意詢問美食家們，這個有比麥當勞好吃嗎？而所有受訪者都一致表示，這肯定比麥當勞好吃多了。

看完這實驗，現在你還敢說人類不會因為附加了心理價值就改變觀感嗎？

人類的大腦真的很脆弱，這些附加的心理價值強大到可以扭曲現實、改變感受，難怪我們到一些服務體貼、裝潢氣派的餐廳，總會覺得他們的餐點就是比較精緻好吃。

因為讓我們提升感受的不是餐點，而是服務與裝潢為餐點附加的心理價值呀！

因此策劃故事行銷，我們真正要關注的是，怎麼為商品附加心理價值？還有附加什麼心理價值？而非只是變成編故事大賽。

故事行銷的迷思

正因為**許多人的認知是「故事行銷等於為商品說一個故事」**，因此會覺得故事行銷很難操作，成效也很糟糕。

我有次到某大學的文創系所演講，因為上一堂課還沒結束，我先聽到了該系主任在對學生講解什麼是故事行銷。

主任先播了一段有劇情的國際知名品牌廣告，廣告中是一位旅遊的白人青年到了優美的深山與原住民交流，甚至與原住民美女發展出一段戀情。

播完後，主任問學生看到了什麼劇情？猜猜廣告在賣什麼商品？學生們回答好幾種商品的可能，因為在廣告中商品並沒有明顯被突現。接著主任解釋：故事行銷就是不直接推商品，改為把商品包進故事裡呈現，讓顧客更自然、不抗拒地接受商品訊息。

我聽完後，不否認這的確是故事行銷能達成的效果之一，也是我們一般認知的故事行銷操作手法。但我上台後，只問學生一個問題：你覺得像這樣的影片要花多少錢拍出來？

學生的答案當然離行情有段距離。

我再問，如果你們沒有錢拍一個精美感人的故事，你還有辦法做故事行銷嗎？

這時有人可能會說，可以寫成一篇文字的故事。

寫成文字當然可以，但現在是資訊爆炸的時代，許多人的視線都被手遊、動漫、影片佔滿，如果他沒有耐心看完一篇兩千字的感人故事，他只有三十秒的耐心看完一百多字的內容（可能還更短），篇幅根本不夠你講故事。

這時，你怎麼做故事行銷呢？

如果你對故事行銷的理解只停留在「為商品說故事」，你可能就束手無策了。但要是你理解到故事行銷其實是在為事物附加心理價值。

就算只給你一個標題的空間，都足夠讓你做好故事行銷。

千萬別說不可能，無論你是想說一個長長的感人故事，還是只有短短一個標題的篇幅，我後面都會告訴你怎麼能做到。

第一篇，你只需要記住這句話：

故事行銷就是為事物附加心理價值，改變受眾原有的觀感。

因為故事行銷幾乎是跨界結合了行銷、文案、故事的知識，它們就像鼎的三個腳，缺了一個都不行。所以接下來三篇，我要先幫你濃縮打底一下「行銷、文案、故事」的關鍵知識，才能往「編寫商用故事」的道路前進。

02 行銷力：將商品推到需要的人手上

每一組客群，你都該彈性化調整，不可能一套說詞就要通吃所有人

你有沒有想過，為什麼一件商品或者是一種服務會存在？

它們是憑什麼長久存在，而不會被取代或者是被淘汰的呢？

這時候你可能會說：因為有人需要啊！

如果一個商品或服務，它們不被任何人給需要了，或者說需要的人數量少到讓它無法營運了，那自然就會慢慢走向被淘汰。

從 BB.Call 呼叫機、卡帶隨身聽到巷口小雜貨店都是這樣，因為時代趨勢、因為市場競爭，慢慢消逝在人的記憶中。

「需要」這詞彙雖然淺顯易懂，但我更喜歡講另外一個詞彙，我覺得更精確的詞彙——**價值**。

我更喜歡這樣說明：**「任何商品的存在都是為了提供價值。」**

用「價值」這詞兩個字，更能套進商業模式的運作。我們可能都聽過類似的話，「任何事都要付出代價」「這世界就是等價交換」。

這一點都沒有錯，**商業活動本質上就是「等價交換」**。

當我感覺你的商品或服務在我心中的價值感夠高，高到足以讓我付出一定的金額來換取時，這時交易就產生了。我就願意掏出錢，購買一件我覺得值得的事物。

簡單來說，**商品價值一旦大於或等於購買者心中的期望，他就願意付出相應的代價行動。**

以上這句話雖然不長，但執行起來可是一點都不簡單，我們可以再更細的討論三個關鍵。

一、價值不等於實用

什麼才算有價值？很多人常常會以為，唯有「實用」才是價值。所以做行銷時容易走進思考的死路，當自己的產品競爭力不如同行，就會一籌莫展。但其實，價值並不完全等於實用。我們舉兩個案例來思考：

我先問你一個問題：可以讓人發笑，是不是一種價值？那些每天在 Youtube 上搞笑的網紅，他們有沒有提供了某種價值？

如果你要從實用來看，搞笑網紅的影片就算不看其實也沒什麼具體損失，但是數以萬計的人們還是會想看啊！當網紅推出各種周邊產品，粉絲們還是會想買來收藏支持啊！後續來說，當網紅吸引了大量的注意力，販售注意力對業配主來說又是另一種價值。

這類型的商品服務，實用性不高，但依然具備了某種價值。

第二個案例，請問名牌包包有多少程度的實用性呢？它的價格可能是平價包包的一百倍。那它可以裝平價包包一百倍的容量嗎？它的機能有比平價包包好用一百倍嗎？肯定是沒有的嘛。但它能不能成交呢？當然可以，而且業績還好得不得了。

像這類的奢侈品商品，展示商品或展示品牌本身就具備了某種價值，非關實用，你若是跟購買者談論實用性，反而會被賞一個白眼。

由此可知，**在做行銷時，實用度高低不一定會決定銷售成果，所以在思考自家產品價值時，請記得先摘掉「實用」這個框架。**

而故事行銷的任務就是在實用之外，為商品附加心理價值。

二、代價不等於金錢

再回頭看一下剛剛那句話，我第二句說到「付出相應的代價行動」。你會不會覺得好好笑喔，明明就可以直白說「付錢」嘛，何必說得這麼迂迴呢？

請你思考一下，**在做行銷的時候，我們要的真的永遠都是「付錢」嗎？**

你心裡一定想：「廢話，銷售不賺錢，那還叫銷售嗎？」

的確是這樣，我們都希望可以成交，但是我們都有辦法一步登天，曝光三秒就立刻成交嗎？這應該很難吧！我們還要經過層層的行動，才可以達成我們最後的目的。

反過來想，行銷時，除了要顧客掏錢，我們還希望他們做些什麼事呢？從簡單講到困難：

1. 我們可能要他願意多看一眼、看完廣告；
2. 看完之後希望他可以點擊一下連結到說明頁；

3. 到說明頁後我們希望他可留下資料；

4. 留下資料後也許還希望他可以來參加免費說明會；

5. 最後他對我們完全信賴了，他就會放心的下單購買。

看完上面的步驟，你是不是在想，銷售哪有這麼麻煩啊！不就是大量投放廣告，顧客進到網站看完文案，就直接有訂單了。

的確，如果是幾百塊的商品，可能不用這麼麻煩，因為**顧客付出的代價低，說服難度自然也比較低。**

但是，如果你賣的是幾千塊、幾萬塊的商品，你覺得顧客會像路上買杯珍奶一樣隨性嗎？

再想想實際情況，要你「直接買一個幾千塊的東西」跟要你「留下電子信箱，會再寄詳細的產品說明給您」，哪一個比較容易讓人行動呢？肯定是有「猶豫空間」的後者嘛。

所以在行銷時，經常我們會把任務拆段，有時目的是「搜集名單」、有時是「令人分享內容」、有時是「令人參與活動」。**先讓潛在購買者付出他可承受的代價，**

而不一定都是「金錢」，這會讓行銷規劃更靈活。

而故事行銷在應用上，往往就是扮演「創造分享曝光」與「留下印象、帶動話題」的先鋒角色。

三、價值不等於價格

最後你會發現，我一直用的詞都是「價值」，而非「價格」。

價格是一組數字，但價值是一種感受。

就如同前面提到的，我願意掏錢支持網紅，買一些明信片、紀念衣等等，但我可能一生都不會用到，我的消費是出自一份「支持感」。

我願意花錢買奢侈品，雖然價格跟實際功能不成正比，但我的消費是出自一份「尊榮感」。

如果我們都只用商品競爭力來思考，兩個功能一樣的杯子，最後是不是只能比誰的價格低，落入削價的循環？

因此**重點從來不是價格，而是它對於消費者的價值**。理解這點之後，我們就該把心力用在提升商品的價值感。

整個行銷的設計上，就是要創造「值得、划算、不會後悔」這樣的感覺。這也是為什麼我們要學**故事行銷，就是要透過其他感受的加值，扭曲現實的規格與數據，打造一群「跟錢無關，我就是想要支持他們」這種心態的忠誠粉絲。**

最後產生的情感溢價效果或是品牌溢價效果，就是讓我們的產品即便比別人貴，也能賣出去的主因。

找出產品定位：商品四問

我相信如果詢問很多專業的文案寫手，他們應該都會贊同一句話：「思考比寫困難。」故事行銷其實也與寫文案相同，我們背後都有個目的，可能是推廣，可能是銷售，但都指向了某一項待包裝的商品或服務。

所以規劃任何行銷活動的第一步，都是先摸清楚你要推銷的事物，它的模樣與它該在的地方。我們可以先問自己這四個問題：

1. 功能：你的商品能做到什麼？

要回答這問題，必須做到「具體」且「客觀」。

父母常常覺得自己的小孩充滿優點，有缺點也是無傷大雅。這其實也是商品擁有者對自家商品常有的錯覺。

每個老闆、創業者或銷售員，一定對自家商品有基本認同，不然怎麼會去創業、營業、推廣。但這種認同往往會因對市場不夠瞭解而擴大變成錯覺。

在為中小企業做諮詢的時候，我總會請他們敘述自家產品的功能優勢，這時我很常聽到一句話：「我家的東西很便宜」或是「我家的東西很好用」。這就是「不具體」也「不客觀」的敘述。

雖然我前篇已經提過，價格便宜不會是我們的追求，但此時先不論。既然對方提出了這個優勢，這時我就會反問對方：

「你能保證你的東西是市面上最便宜的嗎？」

我從來沒有遇過有業主敢保證的，現下都無法保證了，又何況是未來呢？

至於是不是最好用，這又全看每個人的需求，有的人喜歡穿寬一點的褲子，有的人喜歡穿貼一點的褲子，這時好不好穿，也無法放在一起比較，我們只能說出具體客觀的項目，才能進一步思考它適合誰來使用。

舉個實例，如果你要賣一台吹風機，請先說出它的客觀具體功能：

- 可以調整三段風力強弱
- 可以選擇熱風冷風
- 售價是八九九元

先摸清楚客觀條件，才知道它跟競品差在哪？適合推給誰？

請你也試著拿張紙寫寫看自家商品的客觀功能，寫完這些客觀功能條件之後，我們再進入第二個問題。

2.受眾：誰需要這個商品？

一個商品可能適用很多人，當我問出這個問題，我最怕也最常聽的回答就是：「我的商品所有人都可以用。」

或是我問：「誰會買吹風機？」就會有人回答：「需要吹風機的人。」我知道這聽起來很像笑話，但卻是真實發生的事，只是商品從吹風機換成了他們自家商品罷了。

要賣東西，有個商品或服務，第二步驟就是要圈出是哪一群人？什麼身份、什麼類型的一群人會需要它，試著將會買的人分出大大小小的類群。

我們持續以吹風機為例，哪些族群需要吹風機？可能每一個人都需要，但我們還是要去區分：

1. 一般家庭會需要，媽媽會買一支公用的
2. 小資族或是學生在外租屋會買一支自用
3. 職業需求，可能美容美髮或寵物造型也會需要
4. 特別在意頭髮的貴婦或時尚熟女可能同時有好幾支不同功能的吹風機

雖然還有很多分法，但我們暫時先選出這四大族群好了，即：家庭主婦、小資學生、美容美髮、時尚貴婦。

即便每個人都可以買吹風機，但從我們的商品功能「三段風力、冷熱風、八九九元」來看，這四大族群誰會是我們的主要客群？

你心中應該也會覺得，首選「家庭主婦、小資學生」。而「美容美髮、時尚貴婦」

應該是對我們商品的興趣比較低的。

這是為什麼呢？那就要反過來討論：這些族群，它們要吹風機，到底要的是什麼？不過這是下一題的內容，我們先不急著想。

在這步驟，就請你先寫下你想得到的所有客群，如果你的公司或小組不止一個夥伴，也可以讓每個人都寫寫看，也許能幫你想到你沒想到的一群人。

同時也可以對內溝通，讓每個夥伴腦中對於主力受眾的概念是一致的，以免行銷企劃以為要賣給熟女，客服人員以為要賣給少男，執行合作就會沒有交集，最後成為四不像喔。

3. 需求：他們要這商品，要的是什麼？

如上一節所說，我曾問過一位專營蜂蜜的小農：「誰需要買蜂蜜？」他就是回答：「想喝蜂蜜的人。」同時他看我的眼神，好像我是一個笨蛋一樣，問了一句廢話。

但我忍住被鄙視的眼光，接著問：「那他買蜂蜜要做什麼？」小農回答：「要泡水泡飲料喝比較甜啊！」好極了，我再問下去：「如果只是要泡甜甜的，那我為什麼不要買高果糖糖漿就好，要買比較貴的蜂蜜？」

他不假思索回答：「因為蜂蜜比較天然比較好啊。」說完之後他自己愣了一下，我又問了一次：「所以買蜂蜜的人，他真正在意的是什麼？」

他豁然開朗點點頭說：「健康、天然、養身。」抓到這個需求點，我們就可以由這點開展我們的訴求對象與行銷方向。

從這一個實例就能看出，我們身為業主或者從業人員，常常陷入的盲點是，我們只想著我們有什麼，要給什麼？但常忽略了顧客真正要的是什麼，在意的是什麼？

有句行銷名言是：「**顧客要買電鑽的時候，他們在意的不是電鑽，而是他們想要鑽在牆上的那個洞。**」

所以在這個步驟，請將上一個步驟你想到的客群，每一客群後面再寫下，他們買這商品，他們在意什麼？他們真正要的是什麼？

接續之前吹風機的例子，四大族群中：

1.家庭主婦買吹風機在意的是「平價、耐用」

2.小資學生在意的是「平價、多用途」

3.美容美髮在意「風力強、耐用」

4.時尚貴婦在意的也許是「抗毛躁、修護髮質」

當你可以寫出每個客群，他們買商品時在意的需求點，這時再回頭看看我們在第一步驟寫下的具體客觀功能「三段風力、冷熱風、八九九元」，兩項對比之下，我們就可以進行第四個步驟。

4.方式：我們決定滿足誰？如何滿足？

一直以來我都舉吹風機這例子，是因為它是我們生活中直覺好理解的商品，所以當我一問，四大族群中誰會是我們的主要客群？我們都覺得首選「家庭主婦、小資學生」。

但接著我們來腦力激盪一下，給你一個任務，請把吹風機賣給山裡的寺廟，裡面都是沒有頭髮的和尚，你會怎麼說服寺廟的採購人員？想一想吧。

你會說它可以抗毛躁、修護髮質嗎？

你會說它在冬天可以吹吹頭皮比較暖嗎？

如果你不想被廟方轟出去，當然不會說出這麼不得體的話。可以說服的方式還有很多，你可以說，山上濕氣重又常下雨，有個又熱、風力又強的吹風機，可以幫你們吹乾還微濕的衣服襪子，能舒服穿著乾暖的衣襪。

你也可說，山路霧氣重，常飄雨，這時備有幾支耐用的公用吹風機，給參拜的香客可以自由使用，是一件很貼心的措施，可以提昇廟方的形象。

你腦中可能還有更好的想法，但不管你怎麼說，你都不會朝頭髮這條路切入，因為你知道他們沒有這方面的需求，所以你懂得彈性調整，為他們客製化修改說詞。

而事實上，每一組客群，你都該彈性化調整，因為它們真正要的都有些微的不一樣，你不可能一套說詞就要通吃所有人。就像你無法主打護髮卻要賣給和尚一樣。

既然無法通吃，萬一你又做不到為很多客群都製造專屬的文案內容（像有些商品只有一款外包裝設計），這時候你勢必要懂得「取捨」客群。

但要怎麼取捨呢？這時要回到商品功能來看，「三段風力、冷熱風、八九九元」你用這種平價規格想賣給時尚貴婦，覺得她們會買單嗎？

她們要的根本不是便宜，她們寧可買貴好幾倍的，但要有更多附加功能。

同樣這種平價規格，你覺得職業的美髮師會買單嗎？

他們要的也不是便宜，這是他們的生財器具，他們寧可買更貴的，也要它能順手耐用。

既然從客觀功能來看，你知道家庭主婦、小資學生會是主客群，那行銷方式就該全力朝著他們包裝，強調他們在意的重點，放棄本來就不太符合他們需求的貴婦和美髮師，這才是有最高效益的做法。

所以這最後的步驟，商品決定滿足誰？用什麼方式？是要請你綜合前面，從商品功能去看各客群的真正需求，先選擇最相符的客群，再用他們在意的點來描繪你的商品特性。

以商品功能＋受眾需求，取捨聚焦痛點，就是行銷。

以上這些都是由商品本質出發，去尋找合適的客群，再由客群的需求，修改我們的說服方式。這才是真正的行銷。

不管你有沒有需求就硬把商品塞給你，說好適合你，叫你快掏錢。這講好聽叫「推銷」，講難聽就叫「詐騙」。就跟新聞中的愛心筆集團一樣，只會招人討厭。就算真的騙到了一次生意，也不會再有第二次了。

我一直認為，**做行銷就像是打一盞燈，照亮商品最好看的那一面，反射給適合**

的顧客看見商品的好，僅此而已。

由商品釐清了受眾，我們才知道怎麼寫故事、寫什麼內容可以讓他們買單。商用故事說穿了就是一種文案，下一篇我們來聊聊文案的關鍵知識。

03 文案力：提醒受眾，他需要你的商品

文案就是對受眾有影響力的文字。寫文案，務必時時把受眾放在心中

你會怎麼定義文案呢，而什麼又是文案呢？

正式的解釋是：「文案是為了宣傳事物或主張所使用的文稿。」

簡單說明了，所有的宣傳稿都可以泛稱為文案。但我其實更喜歡這樣定義：

文案就是對受眾有影響力的文字。

首先這句話我放入了一個「受眾」，也就表明**文案不會對每個人都有效，它是有主力受眾的。**另一層意思則是：**寫文案，務必時時把受眾放在心中。**

再來第二個關鍵詞是「影響力」，文案不一定只為了宣傳、促銷，如果某個理

念能透過文字植入讀者心中，在很多年之後，慢慢地、默默地對讀者產生了影響，這也是文案。

寫文案的目的，是為了影響人。

故事就是文案

我再請你思考一個問題，「說故事」跟「寫文案」有什麼不同呢？

有人會說，文案只是宣傳，故事還有劇情。如果只是講到這個層面，似乎有點太淺了些。要比較差別，你可以先列出「說故事」是為了什麼？「寫文案」又是為了什麼嗎？

最簡單來說：

1. 說故事是為了要打動人、被記憶與傳播。
2. 寫文案是為了要彰顯商品優點（或達成目的），溝通與說服受眾。

假設我們交叉比對一下功能：

好的故事，能不能做到文案的功能，溝通與說服受眾呢？應該也能吧！

好的文案，能不能做到故事的功能，打動人、被記憶與傳播？好像也能吧！

這樣說來，故事與文案的界線好像有些模糊。不如我們回到剛剛我對文案的定義：

文案就是對受眾有影響力的文字。

回憶一下你看過的故事、電影、動漫、小說，有沒有哪一個故事教會了你要懷抱希望？有沒有哪一個故事教會了你要面對自己的缺點？有沒有哪一個故事教會了你生命的可貴？

不管你的體悟是什麼，在我們的生命中，應該都有被一個好故事打動，得到啟發的經驗。故事其實就等於文案。只是我們透過人物劇情傳遞某個信念與價值觀，由此影響讀者。

只是在「商用故事」，我們因為篇幅、受眾、呈現載體的關係，內容編排的目的性會更明確，以確保能達成商務目標。在第二章〈行銷力〉我們後半段都在談釐清受眾，還有受眾真正要什麼？並根據受眾要的調整說詞。

知道了誰是「對的人」，接下來我們還必須讓「**對的人，在對的時間，碰上對的商品。**」

因此，寫文案時，先不論文字的運用技巧，有一個關鍵詞一定要記住，那就是「情境」。

文案最重情境

我曾經看過一個產品文案，叫：「懶人自動穿襪器」。

它其實就像一個被剖半的中空短圓筒，你先把襪子口先撐開，套進弧形邊緣，接著將它放在地上，因為弧形已經撐開了襪子，襪子口就會像一個半月型的開口，這時就可以把腳穿入襪子。

老實說，我看完這個穿襪神器的第一秒反應是：誰發明了這個廢物。如果我有時間把襪子套進半圓筒，我幹嘛不要直接套在腳上，這不是多此一舉。

但我慢了一拍才思考，誰會需要這個東西呢？

不知道正在閱讀的你猜到了這商品要賣給誰嗎？

答案就是不方便縮腳或抬腳的朋友，他們的腳沒辦法移到手能穿襪子的距離，所以要靠這穿襪神器固定襪子，再伸腳套進去。

因為我不是這商品的受眾，沒有這方面的困擾，所以第一時間沒有想到。但是回過頭我想，這文案也寫得太爛了吧！

這商品絕對有人需要，有這困擾的朋友極有可能會買，但是文案上竟然連他們應該主打的受眾（復健者、受傷者）都沒有提到，反而主打懶人，真正的懶人才不會用這東西呢！像這樣文案，就是沒有找對受眾，連帶讓情境也錯誤。情境一錯，受眾對商品就毫無感覺了。

反過來說，寫文案不是創作文學，不需要太華美的辭藻與修辭法，只要文案描繪的情境有打中受眾的心，**讓需要的人，在需要的時間點，看見商品的好。**他們對商品的興趣度就先拿了八十分。

至於怎麼找文案情境，我通常有兩個思考點：

1. 使用前，不什麼

同樣從商品思考，會使用這商品的人，是因為他感受到了「不什麼」？

我們以買眼鏡來舉例，會想要買眼鏡或換新眼鏡的人，他們在生活中感受到了不什麼？

最簡單的第一個，肯定就是「不清楚」，裸視或現有度數已經看不清楚了，所以必須買眼鏡、換眼鏡來解決這個「不」的感受。

經過簡單的舉例，想一想，你還可以想出哪些「不」呢？最少逼自己也想出三個吧！

參考答案有：

1. 生活不方便：一副只能看遠、一副只能看近，生活中切換很麻煩
2. 眼睛不舒服：鏡片品質不佳或配不準，造成眼睛疲勞
3. 鼻梁不舒服：眼鏡重量太重，臉有壓迫感
4. 鏡片不耐用：材質容易刮傷、磨損
5. 樣子不好看：鏡框造型老土、醜醜呆呆

當我們從商品找出了「不什麼」，它就是顧客希望得到解決的問題，從他的需求就可以發展我們的訴求。例如：

1.想要免換眼鏡，看遠看近一副搞定嗎？漸進多焦鏡片，滑手機、看戶外從此不必換眼鏡……

2.想要減輕眼睛負擔，讓雙眼清爽嗎？進口蔡司鏡片＋頂級濾藍光，體會有如裸視的清晰感……

3.想要減輕重量，宛如沒戴眼鏡嗎？全新鏡框材質＋超薄鏡片，一副重量不到二十五克……

4.想要鏡片耐刮耐磨，一副耐用好幾年嗎？全新鏡片材質抗刮磨、抗高溫、抗侵蝕……

5.想要時尚美觀，讓眼鏡變身潮流配件嗎？本系列鏡架多款式、多色彩、自由配……

商品是為了解決問題而存在，我們在文案中明確點出受眾的問題，他們才會聯想起過往體會過的「不什麼」，感受到他們需要此商品來解決他們的問題。

當內心渴望解決的動力大過於他將付出的代價（金錢、時間、心力），他就會付諸行動，我們的目的也達成了。

因此你也可以練習，會買你商品的人，他們是感受到了「不什麼」，你也許會想出很多個「不什麼」，但記得在第二章〈行銷力〉提過的，必須以商品功能＋受眾需求，取捨聚焦痛點。最後還是要用受眾最難以忍受的「不什麼」當作主打情境。

怕你暫時想不到有什麼「不」的感受，我提供一個簡單表格讓你參考。

不安全、不滿意、不夠快、不持久、不方便、不好用、不自由、不夠多、不景氣、不相信、不清楚、不舒服、不公平、不開心、不好看、不好吃、不輕巧、不健康、不齊全、不受歡迎、不會用、不賺錢、不及格、不幸福、不順暢、不乾淨、不寬敞、不整齊、不好聞、不好聽、不好睡、不好走、不好戴、不受控、不強韌、不便宜、不有效、不自然、不穩定、不有趣……

我們除了強調使用前「不好的情境」，當然也可以強調使用後「好的情境」。

2. 使用後，什麼感

前幾篇我們有提到一個關鍵：價值與實用、價格都沒有絕對關係。也提到人類非常容易受到心理作用影響對價值的判斷。

因此有人戲稱行銷的最高境界就是在「賣夢」。賣一個美好的願景給顧客，讓他們相信：**消費之後可以改善他的生活、改變他的人生。**

在構思文案情境時，另一大思考點就是：**使用此商品引發的正向感受。**很多文案新手總把溝通的重點擺在商品的功能。但就像我之前說的，我們要去想顧客「真正要的」是什麼？

買蜂蜜的顧客，他們不是只想喝到甜甜的蜂蜜水，他們想要的是健康的人生。在我們賣給他們蜂蜜的同時，我們同時要強化他們腦中對願景的想像，想像那個美好、健康、暢快、輕鬆的未來。

在文案中，我們要將願景明說（或暗示）給受眾聽，讓他腦中產生對美好未來的想像。因此，我們要從商品思考，商品使用後，可以為受眾帶來什麼「好的感受」。

- 不鏽鋼鍋客觀功能：能讓煎炒不沾黏
- 不鏽鋼鍋願景感受：你也能輕鬆做出佳餚、變身廚藝高手、讓全家人讚不絕口

．掃地機客觀功能：能自動吸附灰塵

．掃地機願景感受：讓掃地不再麻煩，你上網它掃地，打掃變成愉快的休閒時光

．減肥腰帶客觀功能：能讓血液循環、燃燒脂肪

．減肥腰帶願景感受：讓妳輕鬆變美變苗條，從此自信耀眼，享受朋友羨慕眼光

當我們將美好想像的願景說出來，受眾不知不覺就在腦中上演了小劇場：

我買了一個新鍋子，我可以煎出滑順漂亮的半熟荷包蛋，我可以煎出香噴噴、外表完美酥脆的煎魚，家人看到我把煎魚端上桌，他們會驚訝地大喊：「真的假的？這是你煎的！」我會驕傲地點點頭，享受他們對我的佩服。

你有沒有看過電視購物？電視購物其實就是將情境演給你看而已。他們同樣會先示範各種食材的情境，鍋子沾黏煎出來的東西又焦又破，鍋子沾黏怎麼刷也刷不掉，一個鍋子就這樣毀了，讓你感受到「不什麼」。接著大廚師會拿出產品鍋，煎出一項項完美的食材，旁邊主持人還會不停驚嘆佩服。

當你看到鍋子裡那個像溜冰一樣滑順的煎魚、煎蛋或煎豆腐，自由滑動翻滾。你會忍不住將自己帶入廚師的身分，催眠自己：好簡單、好輕鬆，我也做得到！我也可以改變！旁邊主持人的佩服聲就是晚上家人對我的讚嘆！

朋友別傻了，換了鍋子你的廚藝還是一樣的，你只是中了願景或正向情緒的陷阱罷了。

經過說明後，我們可以練習揣摩，**買了你商品的人，他們將會感受到「什麼正向感受」呢？**再用受眾最嚮往的感受當作主打情境。

怕你暫時想不到有什麼正向感受，我提供一個簡單表格讓你發想。

優越感、自我價值感、獨特感、成就感、自信感、安全感、輕鬆感、幸福感、開朗感、暢快感、自由感、努力感、成長感、勇氣感、療癒感、炫耀感、獨享感、愉悅感、興奮感、利他感、公益感、得到美好回憶感、嶄新體驗感……

由此正向感受，再連結到商品的功能與使用，化成一個生活中的情境呈現。像是：變成家人稱讚的大廚、打掃時間只需要滑手機、窈窕大變身出席同學會。

讓受眾看到情境後，體會到正向感受，進而帶入自我，想像願景。這樣就是成功的情境塑造。

最後幫你收斂一下本篇重點：

文案就是對受眾有影響力的文字。寫文案，務必時時把受眾放在心中。寫故事其實就是寫文案。

除了釐清受眾與他們真正要什麼，還必須提示「情境」，讓他們知道「在什麼時候有這商品真棒！」想起對商品的需求、想像使用後的美好。

可以從受眾在生活上，沒有這商品會感受到「不什麼」，也可以是使用後將得到「什麼感」。由此切入發想，化成生活中常見、有共鳴的情境。

當我們將受眾原本的「壞情境」因為商品演變成「好情境」，這樣的成長改變過程，其實就是商用故事的主線。接著我們就換〈故事力〉上場。

04 故事力：用人物情感歷程感召讀者

好情感來自好素材，好素材來自挖掘細節

故事行銷近年來成為了一支顯學，本來它屬於「內容行銷」的分支，但因為「說故事」對人的影響太強大了，有時強大到不可理喻，因此故事行銷也常在行銷中被獨立出來討論。

可能你現在滿懷期待要開始學「說故事」，用說故事達成行銷手段。但你有沒有想過，為什麼說故事對人類是有效的呢？

請你嘗試回答這個問題：「為什麼我們需要說故事？」

這是我在故事行銷的課堂上，最常在開場詢問學員的問題，想一想，你的答案是什麼呢？

我統整一下大家會說的答案，大約都是：比較容易聽進去、比較容易打動人、

比較有感情、比較有趣。

這些也是一般民眾對於「故事行銷」的印象與期許。

但如果再往下問：「為什麼說故事可以達成上面你說的這些效果？」多數學員都會卡住了，只能空泛地回答些：因為有人物啊、因為有感情啊、因為有故事啊。

故事的魔力從何而來，如果不搞清楚，好像這把武器用得就有些心虛。

當然我們可以舉出很多經典的故事行銷案例，用經驗法則來證明說故事超有效，可是，有沒有科學上證據，可以解釋故事為何對人類有巨大的影響呢？

我是一個超實戰派的人，不太喜歡講空泛論證，但我還是想試著簡短淺白地向你解釋故事影響力在科學上的原理，讓你在運用「故事行銷」時，更明白自己為何選擇這個方式？是為了達成什麼效果？要用，就要用得明明白白！

已經有太多研究嘗試理解故事對於人類產生的巨大影響，甚至是不理性的影響。

《大小說家如何唬了你》是本由腦科學來探討故事吸引人原因的書，它引述了哈佛大學認知科學教授史迪芬．平克的話。他說，故事讓我們有辦法在腦海中預設未來有可能遇上的難題，甚至可能攸關生死，所以我們會沙盤推演出各種解決策略產生的後果。

簡單來說，**我們需要故事，是因為故事會讓我們有「預判能力」。**

人類對故事的渴求從遠古石器時代就開始了，遠古人類可能夜晚圍著篝火，聽著最英勇的獵人，比手畫腳說著他如何擊敗猛獸，讓聽眾彷彿身歷其境。

而當這些聽眾有天上場狩獵時，深林中飄來的氣味、細碎的磨擦聲都會讓他們辨認出這是他們在故事中經歷過場景，他們更有警覺預判事件，更知道該如何應對。成功歸來的他們又會帶回新的故事。長久演化之下，讓人類有從故事中學習的習慣，也養成了愛聽故事的本能。

既然故事是能幫助人類學習的，這也表示故事跟資訊是有不同之處。我會怎麼區分什麼故事，而什麼不是呢？我看過一個很棒的例子分享給你，我改寫了部分：

有個男人獨自在狂風暴雨中爬山，因天候不佳，最後只好被登山隊的直升機救走了。

這是故事嗎？不，這只是個紀錄。但如果你知道：

他上山是為了他十年前發生山難的女友，當天是她遇難的日子，十年來，他每年的今天都要上山獻上一束他女友最愛的百合花。

你現在心裡有感覺了嗎？這就是故事了，因為它有意義了。**故事是有意義的，讓我們體悟到某種道理。**

讓道理能無痛進入人心的，則是故事中的情感。情感包裹了道理，讓我們可以順暢地吞下。

如果說「故事」是「行銷」的手段，那在故事中，「情感」就是「說服」的手段。

明白了這一點，就知道為什麼一堆人都搞錯了故事行銷的方向，連帶讓故事行銷成為雞肋的代名詞。

故事行銷絕不只是「編故事」，為鳳梨酥編故事、為太陽餅編故事、為高山茶編故事。

而是要去思考，怎麼在故事中打造主角的情感歷程。這一點無論是做行銷、寫小說、編電影都是相同的道理。

小到在網路上讀一篇短文、看一張照片；大到整個企業的商業模式、消費流程，這些都是你打造情感歷程的場所。

情感歷程的三個要點：人物、主題和選材

1. 人物

主角是帶領讀者進入故事的太空梭。

讀者會將所有情感投注在主角身上，所以我們必須確保一件事：「讀者並不討厭主角。」你可以回憶一下你所有看過的小說、戲劇、動漫，應該很難有你很討厭主角，但還是堅持把故事看完的吧（被關在電影院不能走不算）。

中長篇的故事，只要讀者觀眾覺得這主角不討喜，很容易就會放棄不看了，因為他的情感無處投注，所以也無法融入故事情境。

如果可以，最好能達成：**讓讀者一開始就能認同或支持主角。**

只要開場先做到這一點，故事就立刻成功了一半。

至於怎麼做？你放心，在第八章〈發展故事情節〉中的「困境」會告訴你。在這邊我們只需要先記住一句話：

所有的故事技術，都是為了圓滿人物的情感歷程。

後續我們還會教到許多故事技術，像是結構、細節、象徵、刪減等等，它們的作用都是為了讓讀者能夠感受人物的情感變化，讓讀者為人物的這趟情感歷程感到滿足，僅此而已。

2. 主題

前面說過：好故事應該有個意義。透過故事主角的歷程，最後讓讀者得到某種啟發或感悟。

在創作時我們也可以採取「主題為先」的構思法，先想好自己想要傳達什麼？想達成什麼效果？有了明確意圖再來構思故事，寫作會更有方向。

至於故事的主題如何得證？這就跟故事結局直接相關。我們會從故事中的因果得到啟示，而結局通常會是故事中最後一個因果。

舉例來說：小明熱心幫助路邊不認識的老人，最後意外得到老人給的報酬。我們得到了：「好心有好報」的啟示。

但如果是：小明熱心幫助路邊不認識的老人，最後是詐騙集團的手法，小明被騙錢了。我們得到了：「當好人也要放聰明」的啟示。

大家應該都有遇過，可能家人或朋友分享給你一則社會新聞，告訴你可能要小心詐騙、小心車禍、小心偷拍等等。這就是我們透過新聞當事人的結局，得到某種啟發或感悟。

反過來說，就算我們寫故事時沒有先預設主題，只是想寫出過去某段有趣的經歷，但只要故事最後有因果、有結局，讀者通常還是能從中得到感悟。

無論你有沒有刻意設計，結局的定論幾乎等於主題。

結合剛剛說的「主題為先」構思法，當我們決定了這篇故事的寫作目的是什麼？其實也大抵決定了故事最後的結尾。

當我們有了結尾，故事有了方向或目的地，從開場到結尾，就可以拉出一條大致的故事預定軌道，中間再慢慢鋪放有趣的事蹟素材。

構思商用故事的步驟後續會再提到，這邊只需先有一個觀念：

好故事應該有個主題（啟發、感悟），故事結局就是主題的呈現。

3. 選材

剛提到我們確定了主題感悟、大致結局後，再來決定有哪些有意思的素材，可以放進故事中，完成主角的情感歷程。

以上是屬於比較講究邏輯的創作法，但有些人想寫故事的起心動念很單純，他就只是想說自己當初為什麼想創業？中間有多少挫折？終於走到今天的成果。也就是先有了一份素材。

先有素材才來構思故事也無妨，因為當你有了結局，主題還是會浮現，這時我們要做的就是：想好自己想要傳達什麼？想達成什麼效果？

如果部分素材或細節，無助於我們想達成的效果，甚至有反效果，那就應該修改刪除。

娛樂故事的選材無窮無盡，商用故事就有大致範圍了，我們常用的有這七項：

1. 說出自己對商品的講究堅持

2. 說出自己商品（品牌、公司）的理念
3. 分享商品開發的過程（例如：技術的研發或設計過程）
4. 說明商品或品牌命名的由來（典故、含義、精神）
5. 介紹公司的崛起經營歷史或傳統事蹟或精神
6. 分享負責人或公司夥伴的背景經歷（人品、良好事蹟、工作努力事蹟）
7. 分享用戶使用商品的好處，前後的改變

你可以將它們七項常用的素材濃縮成一篇故事，但如果是打算長期發布公司的故事（每週一篇或每月一篇），也可以每項都寫數篇。

不少連鎖服務業都會有內部刊物或分享會，定期讓數位同仁分享他們最近的「感動服務案例」給其他同事，這就是屬於「公司夥伴工作努力事蹟」，光這一項只要願意挖掘，就有數不完的故事了。

故事感動程度的關鍵在選材。所以故事素材的蒐集非常重要，當你留意到有可能發展成故事的資訊，記得再往下瞭解，挖掘更多細節。以下是我的一個採訪實例。

我採訪過一位視障鋼琴家許哲誠，他很小就展現了音樂天賦，屢次拿到國內外

獎項，還被媒體譽為「貝多芬再世」，這是一個多麼光榮的封號。

但在他十六歲那年，他背負著天才之名與各界公益團體的資助，前往奧地利學習鋼琴，卻一直無法習慣當地的教學方式。當時他參加了每五年一次的華沙蕭邦鋼琴大賽，他把這個比賽當作對自己的考驗，如果成績不理想就放棄歸國，最後他真的沒有得到好成績，只好黯然回國。

當時我採訪他時，他只是輕描淡寫地說出這段往事，但像這類的人生重大轉折，一定有更多內容可以挖掘。

我請他更詳細描述一些當時公布比賽結果時的細節。

他說，當時參賽者有三百多位，預賽只取八十位，還有專程從台灣飛來的參賽者，他沒有一定要得名，但他希望自己最少可以進入決賽。

當時他跟台灣的參賽者坐著一起聽著初賽結果公布，一個號碼一個號碼宣布，他從第一位聽到第八十位，一次次期待又失望，最後，真的沒有唸到他的號碼。

在會場時，他還可以強打起精神，安慰同樣來自台灣的落選者，但一回到飯店，獨自一人，他立刻趴在床上大聲痛哭，那時候的他心裡只有一個念頭：「我辜負了大家的期待，原來我根本就不是什麼天才……」

經過這樣挖掘細節，故事中的人物情緒是不是更凸顯了？後來文稿中就為這個段落下了一個小標：**八十次的期待落空。**

在第十二到十七章的「故事優化的六字魔法口訣」中，會專門有一章教你情感的技術，這邊我只要先讓你知道：

好情感來自好素材，好素材來自挖掘細節。

當你覺得這段素材有牽涉到人物處境的改變轉折，記得多問一些當時的細節與心態，本來平淡的內容也能瞬間發光喔。

對於一個商用故事來說，我們掌握以上的關鍵故事知識就夠用了，最後再幫你複習一下本篇重點：

1. 故事由主角領航，讀者情感投注在主角身上，別讓主角討人厭。
2. 故事會帶給讀者啟發跟感悟，設定了主題也等於決定了結局。
3. 故事靠素材堆砌情感，好素材來自留心紀錄、挖掘細節。
4. 故事就是人物的情感歷程，所有技術都是為了讓讀者從中感到滿足。

看完行銷、文案、故事這三個領域的濃縮關鍵知識，雖然目前看來關聯性還不強，但接下來的兩章都會圍繞著這三篇所講的概念，延續說明怎麼編寫一份商用故事（或說故事型文案）達成我們的行銷目的。

下一篇，我想跟你聊聊，何時才是故事行銷最能派上用場的時候？

05 故事行銷的最大用途

～你的故事就是讓你與眾不同的康莊大道～

經過了行銷、文案、故事三力的濃縮精華，本章我想讓你知道，故事行銷在什麼地方最能派上用場？

你應該還記得第一章中雪帝士與麥當勞假美食的案例。它讓我們知道人的觀感有多容易被影響，只要為事物附加了心理價值，就可以創造更多好的感受。

但為什麼我們要提升心理價值，而不是努力提升實體價值呢？比如更好的功能、更棒的規格、更低的價格等等具體條件呢？

我們就講衛生紙好了，有的衛生紙可能比較柔、有的比較韌、有的吸水力強、有的比較便宜。但大多數的衛生紙品牌擺在一起，你會發現，你始終搞不太清楚到底誰柔、誰韌、誰吸水？因為大家標語換來換去，但功能還不是就那些。

你頂多比比價格，算算誰比較多抽，就拿一袋回家了。說真的，就算比價格，絕大部分的衛生紙品牌，平均一抽的價格差距都不大，我們只是被幾包幾抽換算搞得頭昏眼花罷了。

這就是真實世界的情況，當我們只看實體價值，成熟的商品發展到後期，其實A品牌能端出來的特色，B品牌也差不多都有了。這時候哪個品牌可以不停發展，甚至成為奢侈精品，很多時候是取決於它們的心理價值。

所以可以這樣說，**當實體價值越膠著，就越取決於心理價值。**甚至當商品的實體價值越複雜，人們就越需要心理價值來幫助決策。

我們再舉一個例子，以房屋買賣來說好了，你有沒有聽過「看面緣」或「看眼緣」的說法，這是一位資深房仲業務跟我分享的經驗談。

他成交過很多房子，有時候一間房子可能有好幾組客人都想搶，競爭之下價格開得都很接近。但屋主卻不一定會選擇賣給最高出價的客人，最後往往都是賣給他口中跟他最有緣的客人（當然價格也不會差太多）。

有個真實發生的情況是，買方向屋主開了一個尾數全是八的房價，比如一千八百八十八萬八千元，買方再配合這組「發發發」的數字跟屋主說幾句吉祥話，最後屋主真的將房屋賣給他，而沒賣給比他略高一些的出價者。屋主的說法正是買方人看起來舒服、聊起來投機，覺得有緣。

有時實體價值些微落敗，但加上心理價值卻有可能反超車。

人類的大腦能處理衡量的資訊其實有限，當事件本身有太多複雜的變因，讓我們很難比較的時候，人類會渴求能有一個簡單的依據，幫他們做判斷，這個依據往往就是心理價值，甚至講得俚俗一點，就看決策者當下的「奇檬子（心情）」啦！

以上的現象用一個生活實例來看也很好理解，那就是「選舉」。

當一個候選人身上有太多複雜的變因，他的經歷、他的政黨、他的政見、他的價值主張、他的家人妻子、他的一言一行、他的謠言軼事、他的口碑評價。上述每一項再細細探究又有極為龐大而複雜的資訊時，一般民眾根本無法判斷。這時就回到了心理價值，也就是我心中對你是什麼印象？有沒有好感？

我這樣說絕對不是小看了人類的判斷力，正因為它是人類正常的運作方式，所以故事行銷才有大展拳腳的空間。我再講個有意思的故事：

諾德斯特龍百貨是美國高檔的百貨公司，專門主攻金字塔頂端的客戶，他們的員工手冊當然也有不少條守則，但最核心的概念就是所有員工都必須以滿足客戶為第一優先。

這個「以滿足客戶為第一優先」的概念要怎麼確實讓所有員工體認到呢？諾德斯特龍百貨想出了一個方法，他們在員工手冊之後，還附帶了一個諾德斯特龍故事集，第一個故事是這樣寫的：

有個客人拿著用過的車子輪胎雪鍊來諾德斯特龍百貨退貨，雖然雪鍊被用過了，但員工還是將客人當時買的金額原數退還。

說到這，你一定覺得沒什麼稀奇吧，現在好多賣場都主打無條件退貨啊！但故事還沒說完。

雖然員工將雪鍊退錢給了客人，但有意思的是，諾德斯特龍百貨裡頭，其實從來沒有賣過雪鍊。它們竟然願意將一個從沒賣過的商品退款。

透過「沒賣過都可以退」這個故事，諾德斯特龍百貨將「以滿足客戶為第一優先」的概念深刻地植入每個員工的腦中，讓他們知道這句話不只是一個崇高的口號，而是在任何條件下都要積極奉行的圭臬。

你想想，教條式宣導跟故事型概念，哪一個會讓人們覺得比較有感好記呢？商品的具體規格、功能等等資訊實在太多太冰冷，難怪人類總是容易遺忘，但一個好的故事則容易記住其中包含的心理價值。

這也是為什麼除了資訊的溝通，我們還需要故事的嫁接。

說完了諾德斯特龍百貨的故事，我也想請你思考一下，你覺得這是一個真實發生的事，還是又一招對品牌的故事行銷呢？

回到結論，如果您的商品是明顯的優勢品，功能性狠甩第二名幾條街，又或者你的價格明顯破壞行情，超級便宜，別人都無法對抗。你也許根本不用寫故事，只需要講出強勢資訊就可以造成轟動，民眾媒體還會免費幫你宣傳。

就像二〇一八年八月的麥當勞套餐買一送一活動，只需要公告，網友、電視新聞、網路論壇就會自主分享，造成門市擠爆、大排長龍，被網友戲稱大麥克之亂。

但在真實世界裡，商品優勢一面倒的情況真的少之又少，麥當勞也不可能天天買一送一。

絕大多數的時候，行銷人員還是必須在極小的具體差距下，進行短兵相接的肉搏戰。這時就最能體現故事行銷（甚至接力為品牌經營）的特點：「**當實體價值越膠著，就越取決於心理價值。**」

如果你也正陷入行銷戰的泥沼，覺得文案上能寫的都寫了、廣告內文也已經測試到瓶頸了，哏圖、拍片、跟風全玩過、臉書、IG、Line都經營了、追蹤碼、再行銷、KOL，你全用上了！

簡單來說就是，別人有做的你都做了（反過來說，也就是你做的都是別人在做的）。這時候故事行銷就能讓你的商品或品牌有個獨特故事，提升品牌鑑別度、走自己專屬的路。它可能就是讓你獲得解套的方式。

故事行銷不是萬靈丹，但我相信它是行銷戰的新科目。

在原有的科目你已經考到了八十五分，故事行銷哪怕只考了六十五分，你的總分還是一百五十分，遠遠勝過只考一科的其他競爭者。這也是你值得嘗試故事行銷的原因。

經營品牌最重視的永遠都是「差異化」或「獨特性」，而你的故事就是讓你與眾不同的康莊大道。

下一章，我們就正式進入商用故事撰寫流程。

PART 2 PROCEDURE

故事發想與流程

06 商用故事流程

商業等級的故事要的不僅僅是感動，而是要你行動

很多人在談到故事行銷時，總覺得肯定非常的麻煩，要花大量時間、大量預算，卻不一定有等比的效果。

故事行銷可大可小，大到拍一支高質感微電影，小到寫一百字的社群貼文或一句文案標題，都是故事行銷可以發揮的所在。

再來很多人都不知道，**故事行銷不只是說故事，甚至不一定需要說故事。**故事行銷這個詞，我們先拆解一下，必須明白「行銷」才是主詞，「故事」只是形容詞，**故事元素是我們達成行銷目的的手段。**

所以要做故事行銷前，要先回到行銷的本質。還記得我們在第二章〈行銷力〉有提到四個基本：功能、受眾、需求、方式。

從商品功能去思考該推薦給誰，他們面臨什麼困擾，我們怎麼表達呈現，釐清了上述重點，我們再用故事去包裝這一切。

我們在本章會先完整與你分享怎麼講好一個商用故事，一個精煉卻完整的流程，之後再告訴你怎麼活用變化，甚至達成不講故事的故事行銷。

完整的商用故事流程，我們會經歷三個製作階段：

1. 發想情境

我們要編故事時，第一步常常被困在點子。的確對一般娛樂性故事（小說或影視）來說，有趣的點子真的太重要了，幾乎會支撐半個故事的續航力。

但在商用故事中，我們只需要從商品功能出發，就能輕鬆搞定點子，找出故事發生在誰？怎麼發生？發生在哪？

2. 發展情節

有了一個點子，只是一個起點，故事還需要鋪陳、還需要編排。要從一個點拉長到一條線，你需要的是「結構」。而好用的結構會讓這條故事線「上窮碧落下黃泉」。

商用故事裡最好用的結構，會在設定好「情境」後，往前後方自然蔓延，你完全不用想到頭痛。

3. 發動情感

故事只要說完就沒事了嗎？如果一個故事說完了，卻無法引發接收者的任何情緒或感受，這根本不能算是故事，只能說是一個事件。

在商用故事更是如此，**商業等級的故事要的不僅僅是感動，而是要你行動。**一個有感動卻沒有引發行動的故事，在商場上就是失敗的操作。編完故事之後，我們最後便是要「畫龍點睛」，讓故事動力一飛衝天。

本章的目的很明確，就讓你學會一套精煉、實用、百搭、好操作的商用故事製作流程。

來！立刻接續下一頁吧！

07 發想故事情境：口訣「功解情」

無論是寫文案還是廣告企劃，效果永遠比創意重要，寧可重複卻有效，也不要新穎卻失焦

商用故事的起點，還是必須從商品出發。本環節的口訣是：功解情。

我們要打造一個能讓商品功能發揮的情境，最簡單又好用的方式，就是思考本商品能解決什麼問題？並假設當問題發生時，如果沒有本商品，情況會變得多麻煩？有什麼不好的後果呢？

想凸顯商品的好，就先打造一個壞的情境、相反的情境，這就是本環節的任務。

步驟一：功能

你應該沒有忘記，我們在第二章〈行銷力〉商品四問的第一項：「功能」。在

想故事的時候，請把「功能」原封不動地搬來使用，先列出商品的主打功能。

既然是主打功能，肯定不會太多吧！如果某件商品擁有超多賣點該怎麼辦呢？比如智慧型手機，年度旗艦機可能樣樣都超強，可以把夜晚拍得像白天般畫質銳利、可以擁有超持久的電池續航、可以人臉智慧解鎖螢幕。

這時最好的策略就是把每項主打功能都拆開呈現，當你只有一分鐘卻塞了三個賣點，最後其實像什麼都沒有講。

你看看那些旗艦機手機的廣告，除了有明星代言，是不是都會拍攝好幾個版本，有夜拍篇、有遙控篇、有美顏篇等等，因為**一次向觀眾溝通一件事，絕對是最安全有效的做法。**

從商品的主打功能，我們提出三種不同商品的範例，分別是：

1. 提神飲料：它的功能是提振精神。
2. 租屋平台：它的功能是媒合房東與想租屋的人。
3. 智慧手機：它有太多功能，我們先取一個續航力持久。

你應該也跟我一樣，覺得這個步驟太簡單了吧，幾乎是一秒完成啊！

這很正常，因為**一項商品能被發明誕生，肯定就是因為它能做到某些事**，不然怎麼會存在呢？再說，如果你要行銷一項商品，你卻連它能幹嘛都不知道，這也太誇張了吧！

因此不要得意，「功能」只是送分題，重頭戲在後面。

步驟二：解決

絕大多數的商品都有功能性，它們都是為了解決某個問題而存在。

耳機的存在，解決了在公開場合卻只想讓自己聽到的困擾。

穿襪器的存在，解決了無法把腳縮近身子的困擾。

直播平台的存在，解決了寂寞時想聽人說話、有人互動的困擾。

Youtuber 的存在，解決了網友無聊時希望得到取樂、消磨時間的困擾。

一個商品或服務能長久存在，肯定都是解決了某些困擾。那你的商品或服務可以解決什麼困擾呢？

解決這個環節，就是要找出：商品的功能能解決什麼問題？延續剛剛的範例來看：

1. 提神飲料：解決疲累卻仍要做事的困境，它可以暫時提神。
2. 租屋平台：解決沒人看房或租不出去的困境，它可以增加曝光。
3. 智慧手機：續航力強，解決手機常沒電的困境，不用一直找插座或連接行動電源。

要找出解決什麼問題，其實與商品的功能是一體兩面的問題，一樣很容易找到。唯一要注意的就是「角度」。

還記得我們在「需求」有說過，要找到受眾真正要的是什麼？找出被商品解決的問題也是一樣，要找對問題才能有效打中受眾的心。如同剛剛說的穿襪器，你主打它能解決懶人穿襪的問題，就是完全打歪了。還有蜂蜜的例子，你主打它能解決想吃甜的問題，也不是受眾在乎的。

因此，「解決」這個環節其實跟「需求」是雙胞胎，你同樣要一層一層問下去，

受眾真正要的是什麼？哪個才是他們在乎的關鍵問題。

這就是「解決」比「功能」還要難一些些的原因。

步驟三：情境

第三個步驟，我們接著商品能解決的問題來想，這問題會發生在什麼場景呢？想場景重要的是直覺、有共鳴。

因為我們要讓大多數的群眾在看到問題情境時，都能馬上感覺「喔！這我也遇過」這樣才是好設定，讓受眾熟悉、有感、認同。

因此，在思考商業故事情境時，不同於娛樂故事必須罕見新穎，反而是要越直覺、越好懂才好，甚至可以說，你腦中第一個冒出的情境，極可能就是大家最常遭遇的情境，延續剛剛的三組商品範例來看：

1. 提神飲料的情境，下班已經很累了，還要做一大堆家事，結果不小心凸槌了。
2. 租屋平台的情境：房東為了房子沒有人來看，手邊缺錢，正在苦惱。
3. 智慧手機的情境：手機沒電了，必須連著行動電源，充電線勾來勾去很不方便。

連貫「功能」「解決」「情境」想下來，故事就已經有了起點。這也是一般短秒數廣告的公式，設定一個可以讓商品發揮的壞情境，而商品的出現就是問題的救星。

你可以掃描下方 QR 碼看一下，三組商品如果拍成廣告會是什麼形式？

相信你要是再用「功解情」去檢視其他電視廣告，一定會可以驚覺原來多數商品用的公式都一樣嘛！

現在我們再多練習一下，嘗試用三組不同的商品來演練，分別是：防癌險、高價位單車、頂級塑身衣。

我先列出三者的功能，你也可以一起想一想，怎麼從功能構思解決與情境。

防癌險功能：癌症保險金理賠五十萬，特定癌症金額還可乘一．五倍。

高價位單車功能：有三種安全功能：吸震管件、防刺穿輪胎、摔車自動警報。

頂級塑身衣功能：長期穿著推動脂肪，短期穿著一秒優化體態。

希望你可以跟我一起腦力激盪一下，我們一項一項來看：

三組商品的廣告影片範例

防癌險範例

防癌險的功能，可以在不幸罹癌時提供保險金理賠，減輕當事人家庭的經濟負擔。

由此我們反向思考「壞情境」，設定有某一個家庭，其中一人罹患癌症，因此全家除了情緒的悲傷，還要面對龐大醫療費的經濟壓力。整理成表格如下：

功能	癌症保險金理賠五十萬，特定癌症金額還可乘一．五倍
解決	減輕罹患癌症家庭的經濟負擔
情境	某家庭為了治療一位家人的癌症，散盡家財仍無力支付

高價位單車範例

高價位單車有多種先進的安全功能：吸震管件、防刺穿輪胎、摔車自動警報。能保障行車安全，預防種種意外。

由此我們反向思考「壞情境」，設定有某位車友遭遇行車意外時，如果沒有這些安全功能，會發生什麼事呢？整理成表格如下：

功能	三種安全功能：吸震管件、防刺穿輪胎、摔車自動警報
解決	能防止各種意外（劇烈震摔、輪胎爆裂、孤身摔車）危及生命安全
情境	騎士們因車身震盪解體摔車或輪胎爆裂摔車，而且摔車昏迷無人知曉延誤救援

頂級塑身衣範例

頂級塑身衣能迅速改變體態，讓人充滿自信。由此我們反向思考「壞情境」，設定有位貴婦，長期因為身材苦惱，她身上會有什麼因身材帶來的壞結果呢？整理成表格如下：

功能	長期穿著推動脂肪，短期穿著一秒優化體態
解決	長年為身材所苦的女性能瞬間拉提塑身，解決體態、心理的困擾
情境	一位有高消費能力的女性，試盡各種辦法仍無法解決身材困擾

經過三個範例，相信可以比較理解如何構思自己商品的「相反情境」。

商業故事不是文學，不需要曲高和寡，而是要有穩定製作流程，讓人人可上手複製，才是我們要做的事。

無論是寫文案還是廣告企劃，**「效果」永遠比「創意」重要，寧可重複卻有效，也不要新穎卻失焦。**

商業故事的情境必須是直覺、好懂、有感。在相反情境讓商品解決問題，滿足受眾的需求，這就是一個好的構思。

說到寧可重複，剛好順著介紹故事中最容易重複的元素——結構。

08 發展故事情節：口訣「常境變」

編排一個商業故事，由點拉成線，也只需要謹記這一招：創造出巨大的情緒落差

接續上一環節得到的「相反情境」，它是故事中的一個點，我們要由此再發展成一條線。要拉成一條線，而且是有起伏與轉折的故事線，我們必須補充一點故事編劇知識，但請放心，我們不是要當編劇，只要學到最重要的核心就綽綽有餘囉。

好久以前，我看一檔電視節目正訪問著周星馳，當時女主持人說了一句話，她說：「星爺，你的電影我知道，都是主角一開始很弱很弱，後來很強很強。」

這句話聽起來有點像在開玩笑，但卻說中了編劇結構最主要的目的，我們檢視一下周星馳的幾檔電影。

武狀元蘇乞兒：從經脈盡斷的小乞丐，變成丐幫幫主，練成絕世武功。

食神：從人人喊打的詐欺犯，步步奪回自己的地位，變成廚藝高超的食神。

唐伯虎點秋香：從下等僕役，變成高等書僮，最終打敗仇敵，抱得美人。不只是周星馳的電影，好多好多的故事都有這樣「前低後高」的套路。

這就是編劇時最重大的任務：**創造落差。越巨大越好。**

創造處境的落差、創造感受的落差、創造情緒的落差，所有的編劇結構都在教你怎麼妥善地做好這件事。

所以當我們要編排一個商業故事，由點拉成線，也只需要謹記這一招：創造出巨大的情緒落差。這就是本環節的任務。

本環節的口訣是：「常境變」，將故事拆成三個段落：開頭製造反常、中段彰顯困境、結尾帶來改變。

一、起始段落：反常

反常的任務就是要先勾起受眾懸念，讓他們想對故事一探究竟。

二十世紀重量級小說家法蘭茲．卡夫卡的知名作品《變形記》（或譯作《蛻變》），整篇小說開頭的第一句話是：

「有天早上格里高爾・薩姆沙（主角）從不安的夢中醒來，發現自己在床上變成了一隻大甲蟲。」

天啊！人變成蟲，多麼不可思議的開場。任何讀者讀到這一句都會好奇變蟲的原因和變蟲之後的生活，他們就必須把故事讀下去，嘗試在書中找答案。

現在是一個資訊爆炸的時代，無論是新聞、節目、廣告、影片、插畫、網路文章、社群貼文，每天上傳的資訊，每個人用一生都看不完。

我們能閃過受眾眼球的時間可能只有短短幾秒，能展現的篇幅可能只有寥寥幾句。接著會再有下一篇新內容滑入眼中，持續瓜分他有限且短暫的注意力。

在這種極度競爭的情況下，**誰的內容能在幾秒內、只靠幾句話就抓住受眾稍縱即逝的注意力，它才有後續深入溝通的機會。**

說得白話點，製作再好的內容，讀者看不進去、沒有看，成效也等於「零」。

以前總說：「好的開始是成功的一半。」但在注意力匱乏的時代，我會說：

「好的開始是成功的全部。」

唯有開頭勾住了人，後面的成效是好是壞總有個成績。若是連個被讀的機會都沒有，等於是連參加考試的資格也沒拿到。

既然說明了「反常」的重要性，實際上該怎麼打造一個反常的開頭呢？

我不諱言，在整個商業故事的製作流程中，多數的部分都是理性邏輯的編排，唯有「反常」是最需要創意與靈光的部分，要教反常等於是要教你怎麼變得有創意與有趣。

好在，**商業世界的創意與趣味多是有跡可循的，**在這裡我們先擱下，在第十六章〈故事優化的六字魔法口訣：機制〉，我會仔細與你分享整整十種最好用的反常套路。

製作故事的流程，「反常」就像是「服飾妝髮」，本來就是**先確定故事的本體後，再為它美化裝飾。**對讀者來說，「反常」會擺在故事的開頭，但**對製作者來說，反常卻是能寫完之後才構思。**

先不用被「創意」給困住，我們應該優先將「溝通任務」好好傳達，也就是「困境」與「改變」。

二、中間段落：困境

困境的任務就是**運用感同身受的原理，讓觀看者與主角建立情感連結。**

美國推理小說作家勞倫斯．卜洛克曾說：

「小說，就是主角一連串倒楣經歷的組合。」

你可以回憶一下所有看過的小說、動漫畫與電影，多數主角皆是多災多難、歷經千辛萬苦、幾乎萬劫不復，才能達成自己的目標。

「困境」環節就是大眾故事的必備結構。

假設有天你看到一個故事，主角是高富帥或白富美，人見人愛、心想事成、一帆風順、無災無難，只有朋友與貴人，沒有憂傷與敵人，超級人生勝利組。

這種故事你會讀得有趣嗎？只會讓我們讀來覺得無聊與虛假吧！

但是，為什麼「困境」會讓人類忍不住有興趣、聚精會神呢？

還記得我們在第四章〈故事力〉有提過，遠古人類是透過故事來體會未曾經歷的事，增加預判能力，讓自己得以存活。所以我們才有了喜歡聽故事的本能，而且越帶有危機與風險的故事，越容易抓住我們的注意力。

然而，困境為故事增加吸引力的功效並不僅止於此，人類還有另一項本能，助長了困境對人類的黏著力。

在一九九〇年義大利神經科學家發現了「鏡像神經元」，就是它讓我們人類擁有「模擬」的能力。

我在網路上看過兩支影片，一支是在講「哈欠」是會傳染的，一位男子為了證明這一點，在各式各樣的場合故意打哈欠，有趣的是，當他打完哈欠之後，目睹的路人有很高的比例也會忍不住接著打哈欠。

第二支影片則是巴西咖啡店製作的廣告，它故意在地鐵站的廣告牆上不停放送一名男子打哈欠的臉部畫面，讓等車的民眾也忍不住也大打哈欠，這時咖啡業者會趁隙送上咖啡讓民眾免費享用。

這種人類的模仿現象，在「鏡像神經元」身上可以得到合理的解釋。當我們打哈欠的時候，腦中有塊相關的部位會開始活動，但有趣的是，就算我們不打哈欠，只是看著別人打哈欠，該塊部位也會開始活動，於是目擊者也被影響打了哈欠。

用句成語來解釋，這就叫：「感同身受」。這是不是也可以解釋為什麼孟子會說：「人皆有惻隱之心。」

因為當我們看到了旁人受苦受難，即便只是目擊，但我們的大腦已經自動模擬了相似的感受，讓我們心生同情、憐憫、不忍，進而伸出援手。

既然理解了人類會「感同身受」，我們再試想一下，要是你看到某人一直深陷在苦難之中，你會有什麼感覺？這問題其實也是在問，**你能忍受自己一直深陷在苦難之中嗎？**

肯定沒辦法接受吧！這就是困境的第二把武器，**同理心。**

當我們看到故事中的主角遭逢困境，本能會讓我們忍不住模擬情緒、產生同情，一旦讀者與主角有了情感連結，我們就會加倍渴望看到主角可以走出困境，得到好的結果。故事也就這樣成功勾人看到了結尾。

在「困境」這個環節，就是要將主角的所有慘況都端出來，

但是困境該怎麼想呢？其實你已經想好了，還記得上一節「功解情」最後得到的相反情境嗎？它就是我們要使用的困境。只是我們還要補充：人物、時空、事件。

1.人物：這困境（相反情境）發生在誰身上？

2. 時空：這困境發生在什麼時間或時機？什麼地點或場合？

3. 事件：這困境具體是什麼壞事或處境？經歷什麼過程？有什麼細節？

在構思「人時事」時，還可以朝兩個方向去想：

1. 發生在誰身上會最麻煩？（如果想不到，就套入你商品預設的受眾）

2. 怎麼安排會有最大的情緒落差？

雖然這環節有點像「憑空創作」一個故事，但虛構的故事創作者也會說得心虛，讀者也容易反感。我們是要編排故事，但絕不是要說謊。

我會建議你，多使用第四章〈故事力〉的「選材」中，請你搜集的商業故事素材，甚至是搜集新聞。使用真實故事或是新聞事件，有助於提高讀者的可信度，也提升故事行銷的成效。

我們接續之前防癌險、高價位單車與頂級塑身衣的範例，幫助你理解如何設計「人時事」。

1. 防癌險範例

上一篇想出來的情境是「某家庭為了治療一位家人的癌症，散盡家財仍無力支付。」

人物：六十多歲的男性，王先生

時空：剛退休，正打算要四處旅遊

事件：被檢驗罹患了肝癌，多次使用自費療程，但病情反覆，全家的經濟也被昂貴的自費療程拖垮，淪為有藥卻沒錢買的處境。

設定說明：

本範例是使用真實新聞作為素材，在剛退休打算與妻子享受生活時，卻檢驗出癌症，人生彷彿從雲端跌落谷底（落差），經濟上的煩惱為之後商品現身做了預備。

2. 高價位單車範例

上一篇想出來的情境情境是「騎士們因車身震盪解體摔車或輪胎爆裂摔車，而且摔車昏迷無人知曉延誤救援」

人物：市區騎士（對應功能：吸震管件）＋晨運騎士（對應功能：防刺穿輪胎）＋山路騎士（對應功能：摔車自動警報）

時空：都市大路口通勤時＋清晨人潮稀少的時段＋山區人車罕至的路段

事件：在車水馬龍的路口，騎士腳踏車重摔解體＋騎士清晨騎車時卻突然爆胎，失控自撞＋騎士在山區行車，下坡過快摔落山坡昏迷，卻無人知曉，延誤救治。

設定說明：

本範例是使用真實新聞作為素材，用三則新聞呈現了如果沒有這三項功能，可能導致何種情況，為三項安全功能的發揮做了預備。原本感覺健康又安全的單車，卻可能是奪命的危機，這就是設計落差。

3.頂級塑身衣範例

上一篇想出來的情境是「一位有高消費能力的女性，試盡各種辦法仍無法解決身材困擾。」

人物：四十六歲女性，徐太太

時空：家長會、老公朋友聚會、姐妹聚會

事件：貴婦嘗試過中西醫、運動，但總是失敗或復胖，自己又沒膽子動刀抽脂，因為兒子無心的話、老公的玩笑話而受傷，跟同年齡的姐妹淘相比，自己也顯得臃腫老態，整個人非常自卑。

設定說明：

本範例使用全虛構，創造了三種因為身材關係，最容易讓人聽起來（或感覺）不舒服的場合，而且故意交由親近的兒子、老公還說出傷人的話，讓張力更大（落差），在人物設定中也點出不敢動刀，所以塑身衣更是最好的替代品，為產品呈現留下伏筆。

不知道你發現了沒有，在構思困境的時候，其實就是將上一節想到的情境挪來使用，再補充「人時地」，設計最大的麻煩與落差即可。

「功解情」的情境，就是「常境變」的困境。

看到人物困境而感同身受，產生情感連結的讀者，就會希望看到主角能得到解救、走出困境，這就來到了故事的最後一個段落：「改變」。

三、結尾段落：改變

「改變」的任務就是讓商品成功解決問題、走出困境，正向改變主角的生活。在構思改變時，跟構思「困境」一樣，只要移植就好。我們在「功解情」的「解決」，不是已經請你想好了商品功能可以解決什麼問題？

「功解情」的解決，就是「常境變」的改變。

因此，要解決我們上一段創造的困境，就讓商品發揮它的主打功能即可解決。「改變」這環節，反而是常境變中最簡單的一環。

接續之前防癌險、高價位單車與頂級塑身衣的範例。我們先列出上一節想出的「解決」。

	解決
防癌險	減輕罹患癌症家庭的經濟負擔
高價位單車	能防止各種意外（劇烈震摔、輪胎爆裂、孤身摔車）危及生命安全
頂級塑身衣	長年為身材所苦的女性能瞬間拉提塑身，解決體態、心理的困擾

接著將「解決」接續上段的「困境」來構思「改變」。

	改變
防癌險	獲得防癌險理賠的王家人，終於有錢可以進行治療，讓王先生得以慢慢康復，家人還能團聚、共享天倫。
高價位單車	如果騎士使用配備了吸震管件、防刺穿輪胎、摔車自動警報這三種行車安全裝置，就可以免於讓自己暴露在高風險之中，放心享受追風馳騁的成就感。
頂級塑身衣	徐太太聽了好姊妹的介紹，使用了塑身衣，有如重回二十歲的效果，她終於可以讓自己重新找回美麗與自信。

承接著困境的劇情，故事尾段讓商品登場，商品就是困境的解決方案，為主角帶來好結果。

本環節的構思要訣就是，**商品不只解決眼前的困境，還讓主角開啟了美好人生**，連帶有心態上的正向提升，將好處給放大，商品也就顯得偉大而必需了。

由結構收斂大綱

三段結構「常境變」，「反常」可以完成故事再回頭添加，從「困境」到「改變」就是故事的主線，現在就請你嘗試將你想到的困境改變，整理成一份大綱。通常只要回答下列七個問題（5W1H1F），就能浮現故事雛形。

1. 故事主角是誰（Who）
2. 在什麼時間點（When）
3. 在什麼地點（Where）
4. 因為什麼原因（Why）
5. 必須做什麼事（What）
6. 他怎麼做到（How）
7. 最後他……（Finally）

我以自己的廣告編劇作品《把最好的留給最愛》為例來示範：

1. Who：被單親媽媽辛苦一手帶大的孝順兒子

2. When：兒子獲得升遷機會，即將出國工作，留媽媽一人在台灣

3. Where：家中和國外

4. Why：家中手機收不到訊號，兒子擔心出國後無法時常聯繫媽媽，也明白媽媽心中沒說的落寞

5. What：他必須改善家中收訊，方便與媽媽通話，緩解媽媽的思念

6. How：他偷偷安裝了家用微型基地台，改善收訊

7. Finally：人在國外的他，在媽生日當天給了她驚喜，並約定每天都要跟媽說說話。

回答完七個問題，我們再將上述答案串寫成簡短好懂的大綱。以下就是此廣告劇本的原稿大綱。

1. 反常

兒子（三十歲）帶著施工人員偷偷摸摸、神神秘秘進入屋內。屋內的媽媽（六十歲）坐在椅子上睡著了，渾然不覺。

2.困境

牆上有張小孩子畫的畫，讓兒子回憶起過去。

媽媽（四十歲）從小靠著改衣服帶大孩子。兒子（十歲）總在裁縫機旁畫畫陪伴媽媽，母子兩人相依為命且情感深厚。

長大後兒子工作日漸忙碌，與媽媽相處時間變少，而且家裡總是沒有收訊，媽媽常接不到兒子關懷的電話。

有天兒子升職了，即將出國工作，媽媽知道後雖然有些落寞，但仍鼓勵兒子勇敢追夢，兒子也將媽媽的神情看在眼裡。

半夜，兒子滑手機看到家用微型基地台的文宣，若有所思。

兒子出國了，家裡只剩媽媽一個人，她孤獨地踩著裁縫機工作。

3.改變

這時屋內電話響起，並不是媽媽的手機。媽媽在屋內尋找，從桌下拿出一個紙盒，裡面發出電話聲。

媽媽打開紙盒，裡面有支手機，上面貼著紙條寫：「媽，生日禮物」。

媽媽拿出手機，來電畫面是兒子的頭像。

兒子從國外打回電話，說明家用微型基地台讓家裡有了訊號。母子開心講話，從此遠距離溝通再無問題。牆上的畫，讓兩人回憶起過去的時光。

掃描下方 QR 碼可以在線上看到這份大綱的成品，雖然根據實際拍攝情況有些微調，最後也因廠商的要求塞入一大段廣告詞，但劇情大抵仍是相同的。

〈把最好的留給最愛〉影片連結

在〈發展故事情節〉這個階段，利用七個問題再套入三段結構，希望你能跟著前面步驟，整理出一份故事大綱。

有了故事草稿，我們才能走向下一段任務：增加故事動力。

最後我們可以看一個線上影片，請掃描下方 QR 碼，進入網址播放影片。這影片就是故事行銷的知名經典範例。

請你先看完影片後，再往下看結構分析。本影片正是標準的

〈記憶月台〉影片連結

「常境變」結構。

	記憶月台
反常	一名老太太每天來到月台枯坐，既不說話也不搭車，非常怪異，好不容易開了口，卻是一句沒頭沒尾，摸不著頭緒的「小心間隙」。
困境	原來老太太的老公已經去世多年，老太太便在月台聽著老公廣播裡的聲音，思念著他，但廣播的聲音卻被換成了一個冰冷的女聲，而且站長表示聲音再也拿不回來了，老太太傷心離開。
改變	老太太再次回到車站，該車站在站長的努力下，又恢復了她老公的聲音，老太太也得到老公聲音的檔案。老太太同時走出了陰影，能夠出發面對新的生活。

而為什麼〈記憶月台〉可以這麼成功呢？先撇除製作品質與好聽歌曲不講。它還做到了三點。

1. 將商品色彩淡化

它是真正在講一個好故事，而商品只是點綴，當我們看到隨身碟（商品）出現的時候，我們頂多會心一笑，但不至於產生反感，或有夢被驚醒的感覺，我們還是可以好好體會整個情感歷程。**不強調，反而記住了。**

2.借用真實素材

故事行銷常被人詬病之處，就在於民眾總覺得「為了編出感人故事，你們一定有說謊！」不被相信的故事又怎麼可能打動人。這也是為什麼我說多使用企業真實故事或新聞事件，〈記憶月台〉就是新聞事件的改編。**因為知道是真實的，所以情感更能放心投入。**

3.昇華意義與價值

站長交付的那一只隨身碟，裡面不只有錄音，還有老太太兩人多年的情感與回憶。字幕上最後那幾句「記憶是趟旅程」到「記憶永遠都在」就是全片的最終一擊，訴諸情感與理念，讓觀眾心中悸動，進而想行動（分享影片）。

設計故事行銷難免會遇到，廠商（投資方）堅持在最後感人時刻加入一段又硬又長的廣告詞，讓主角唸出，破壞氣氛。

廠商業主還是會有宣傳產品的考量。所以尺度拿捏時，我會請你考量，你想要的目的是什麼，是介紹商品功能，還是只是想打形象？

如果是要介紹商品，那加入台詞也無妨，但我會建議重點應放在**將「相反情境」設計得有感，讓產品優勢看得見，**這比唸出來要有意義多了。

如果是為了要打形象與印象，則建議盡量淡化廣告色彩，讓觀眾被情感打動，會更容易被記憶與傳播。

至於怎麼昇華故事意義與價值，則是我們下一章的任務：「發動故事情感」。

09 發動故事情感：口訣「高重利」

讓人行動有兩大思考方向：「提高動機」或「降低難度」

上一個環節將情境再發展出「困境」與「改變」，故事骨架已經大抵完成。但光有故事還不夠，還記得我們說過，**不只是要說故事，而是要傳遞情感與價值觀。**最後能讓受眾願意起而行動，不管是結帳、留下資料、募資、參加活動、分享點讚，踢進最後臨門一腳的往往是一份情感理念。

這裡指的情感不只是親情愛情等人際關係之情，而是還包含「情緒」與「感受」，有時我們不見得都是被正向情緒鼓舞，也可能是被「憤怒」與「恐懼」支配，這些依然是很強大的人性動力。

所以本環節的任務，就是要修改故事的調性，讓動力加強。

本環節依然有一句口訣：「高利重」。**必須讓你的故事「崇高化」、「便利化」、**

「嚴重化」。

在我解釋口訣之前，我想先跟你分享一個跟行銷有關的人性體悟。

人生三求：被愛、怕死、省時

在第二章〈行銷力〉的「商品四問」中，我最重視的「需求」這一項，只要找到受眾的「核心需求」，商品就不愁賣不出去。

但是，什麼是「核心需求」呢？這問題其實要先知道，**人類到底要什麼？人生在世究竟在追求什麼？**

一九四三年美國心理學家馬斯洛提出了「需求層次理論」，用此來解釋人類需求的脈絡。

這個理論提出人類有五種需求，但這五種有高低之分。多數的人會從低層次需求開始向高層次需求追求。這五層由低到高分別是：

1. 生理需求	人要生存最基本需求： 有食物吃、有房子住、有衣服穿、能健康活著等
2. 安全需求	滿足生理需求後，接著會追求生活得安全： 經濟安全（投資）、身體保健（養身）、社會安全（保險）等
3. 社交需求	滿足安全需求後，接著會希望被人愛或認同，有歸屬感： 購買美妝華服、熱衷健身美體、參加社交團體或聯誼、結交朋友或伴侶等，為了被喜愛的衍生行為
4. 尊重需求	滿足社交需求後，接著會希望獲得更多人的尊重佩服： 從事能展現能力或表達看法的行為，例如演說、寫作、表演、展示作品、經營社群、成名，讓自己被大眾注目，擁有聲譽
5. 自我實現需求	滿足尊重需求後，會希望自我實現、挑戰極限、發揮潛能： 可能將某一專長磨練到極致滿足成就感、可能從事社會公益行為、嘗試沒做過或做不到的事等，只是為了實踐自我心中價值的行為

大抵上，人會由低至高，一層層向上滿足。先能活、再追求活得好、活得好才追求有朋友情人、有了身邊認同的知己再來追求外界聲譽、有了外界聲譽最後追求自我的完成。

我有一個課上常舉的簡單生活實例，幫助你理解這個需求理論的順序，這個實例有個五字口訣，叫換車五部曲「機舊車名夢」。

1.生理需求：一般人剛出社會，二十歲出頭，他有交通的需求，他可以能會買一台機車來代步。對他來說，只要能滿足他最低移動需求就好。

2.安全需求：機車騎了幾年，可能到了三十歲左右，中間難免發生一些小車禍、受過一些小傷，他開始會想讓自己能更安全一些，無奈手頭還不算寬裕，於是他決定先買一部中古二手車，雖然有些爛，但至少安全了一些。

3.社交需求：持續工作了幾年，經濟上寬裕了，他開始覺得這個舊車開出去真不好看，女生朋友都嫌、男生朋友都笑，家人也覺得有些難看。現在有些積蓄與穩定收入的他，決定買一台價格實在的新車來開，畢竟人也是要面子的嘛。

4.尊重需求：到了四十歲之後，他已經是公司的主管階層，在外界也有了人脈，必須常常應酬聚會，他看了看別人的車都是進口名車，自己其實各項條件也不輸人啊，應該也開一台好車來映襯自己的身份，於是他換了一台有些招搖的進口名車，享受下屬與親友的崇拜，整個人也得意了起來。

5. 自我實現需求： 到了五十歲之後，他發現自己成就也有了、地位也有了、財富也有了，他開始想，自己的夢想是什麼呢？他想要挑戰單車攻頂玉山，所以他買了單車。他想要重機環島，所以他買了重機。這時的他不在意安全與舒適，只在意他的夢想能否達成。

用這生活實例，方便讓你理解需求一層層滿足的順序，如果案例中的男子，無法達成經濟上的安全，始終沒有足夠的積蓄，那他可能就一直停留在騎機車或開舊車，無法再往上追求社交、尊重與自我實現。

但這滿足順序真的是必然的嗎？在真實世界中，有沒有人是跳著追求的呢？當然還是有，電視中常常看到有拾荒老人定期把錢捐出去作公益，或者是歷史上也不乏窮困潦倒的藝術家，他們都是自我實現大過了生理安全需求。所以這五層只能說是人類普遍會有的五項追求，沒有必然因果關係。

不過，馬斯洛需求層次理論還是有個相對強弱的現象，對大部分的人來說，低層次跟生存相關，是相對必要的；高層次跟夢想相關，是相對不一定需要的。因此**低層次需求的吸引力還是比較強大、直覺與普及。**

說到這，你也可以思考，**你賣的商品是為了滿足這五層需求中的哪個呢？**

馬斯洛需求層次理論是個完整的架構，但也有些發散，所以我習慣將它簡化成三個面向，比較方便我構思行銷方向，我稱之為「人生三求」，也是人類行動的三大原始驅動力，分別是：

1. 被愛：指的是被人需要、被人關注、被人愛慕、被人推崇。所有自我提升行為（內涵或外在）、社交活動、挑戰成就都屬於此類。甚至時髦穿著、旅遊打卡、購物展示、上網貼出手作物成果，所有能贏得他人注目的行為，都屬於廣義的此類範疇。

2. 怕死：首先直指的當然是生理上的死亡，所以醫療、保健、飲食最直接相關。其次是生活上的安全（居住、交通）、經濟上的安全（投資、保險）也屬此類。最後情緒上的安穩，避免壓力、憂鬱、沮喪挫折也是廣義此類的範疇。

3. 省時：是現代快節奏社會所衍生的追求，強調省時快速、降低行動難度或行動成本、主打完整性能一次滿足，也是在這資訊爆炸、選擇多樣的社會，人性會傾向的追求。畢竟人生苦短、時間有限，在競爭激烈的環境，誰能讓他人省時省事又有最高效益，會是最後選擇的關鍵。

從人生三求來看市面上的「成功學和投資術」為什麼永遠有市場，就能完美解釋。

人想要成功發財，是因為有錢之後，隨之而來的就是：**被愛感**（經濟優渥，擇偶條件上有加分）、**被需要感**（能給家人良好的生活品質）、**被推崇感**（被人羨慕、分享致富心得）。

也能兼顧**健康生活**（享受較好的飲食、生活環境、醫療與保健）、**經濟安全**（有能力投資與保險）、**情緒安穩**（良好生活品質與成就感能帶來正向情緒）。

當「成功發財」能滿足民眾被愛和怕死的渴望，最後怎麼樣能最「省時省力」達成，就成為民眾第三大的追求。

所以舉凡「成功學、投資術」的書籍，都在洗腦你可以多麼輕鬆就發大財，像是「二十五歲就當包租公」「五年存到一千萬」「三十八歲就退休」「四十五歲達成財富自由」「每天八十元多賺一套房」「做對一件事多存一千萬」「一支股票讓你安心退休」等等。

以上看來是不是非常熟悉？投資、保險、直銷等等都在煽動你的「省時」需求，因為世界真的太大、人生真的太短，我們都希望可以用最短的時間達成人生的夢想。

既然人生三求是人類的原始驅動力，我們就應該在行銷上號召這三求，讓我們的商品可以有更強的動力。但有兩點聲明：

1. 不是每項商品都一定要「三求全用」，有時一求用得好就可以走遍天下。
2. 每項商品一定都能找出與這三求的連結，只看哪一求最被受眾買單。

我舉「寫作教學」為例，假設我想向受眾推廣「應該來學寫作」，三求都可以是我的號召：

1. 被愛：主打寫作是自我的完成，好作品也可讓你被推崇，被欣賞。
2. 怕死：主打寫作是一種負面情緒療癒，寫作可以抒發焦慮、悲傷與壓力。
3. 省時：主打寫作教學系統化，有明確步驟，人人都好上手，無痛學習。

如果文宣的版面夠長，三求我通通可以寫在文宣裡。但要是你對我的風格熟悉，你一定知道，三求中我一向只強調「省時」，而沒有去主打「被愛怕死」。三求雖然都可以是我們的訴求，但還是要看你覺得受眾對哪種方式會有最高的共鳴。

你也可以用你的商品來思考，怎麼連結人生三求：

1. 你的商品如何幫助他被人喜愛尊重？
2. 你的商品如何幫助他更安全、健康、安心？
3. 你的商品如何幫助他更輕鬆、快速、省事？

完成了人生三求的問答後，我們可以根據這三求，在故事最後的收尾、金句、主張，設定我們想強調的最後一擊是什麼。

發動故事三大手法：高重利

在前一段任務「常境變」中，我請你整理了一份大綱。這份大綱無論是寫成文字的故事、做成文宣或銷售頁、拍成微電影，最後一定還是會有一個製作者的「意圖」，可能是購買商品、分享資訊、到場支持、留下聯絡方式等等。

當我們希望顧客可以行動，一定要有個讓他們願意行動的動力，提高動力他們才有可能照我們的意思行動。

我們不只是要說故事，而是要說一個會使受眾行動的故事。

對故事行銷來說，受眾看完故事很感動卻沒有行動，任務依然算失敗了。因此在故事草稿完成後，我們就要構思設計，如何加強故事的動力，達成我們的意圖。

手法一：崇高化

第一個手法「崇高化」，是指**讓商品可以連結到一份情感、理念、價值觀或正向感受。**

它也是我們人生三求中「被愛」的應用，主張商品不只能解決問題，還有更偉大或必需的價值。

我同樣用之前的三款商品來舉例，幫助你理解怎麼設計，最後可以這樣主張：

	被愛／崇高化
防癌險	買一份防癌險，是為了不讓家人擔心、不讓自己的醫療費成為拖垮家人的重擔，也是為了接受治療後，能有更多的時光陪伴最愛的家人。
高價位單車	車子騎過的不是山路，而是崎嶇的人生路。在路上你將結交知己夥伴，一起挑戰自我，達成人生成就。為此，你更值得一輛陪你翻山越嶺的好車。
頂級塑身衣	穿上美麗，穿上自信，妳應該抬頭挺胸為自己驕傲一次，享受眾人崇拜的目光。對自己好一點，讓自己美一點，自信就是妳最美的彩妝。

要創造「崇高化」，請你試著造出這個句子：

你買的不是商品，而是一份□□。

嘗試讓商品連結到一份情感或價值，是它設計的訣竅。

我在上課時常會請廠商學員自我定位，跟自己說：「**我不是在賣東西，我是在**

改變世界。」

這聽起來雖然有些誇張，但我相信只要你賣的商品不是超爛的東西，而是它能真的解決某一部分人的困難，讓他們的生活因此改善，那你的的確確是靠商品改變了世界。

你應該為此感到驕傲，並且抬頭挺胸地說出來，親自為你的商品打一盞聖光。

手法二：嚴重化

第二個手法「嚴重化」，是指**將沒有使用商品的後果放大，變成一個重大危機，煽動受眾的恐懼心理。**

它也是我們人生三求中「怕死」的應用，點出沒有使用商品的潛在危害，讓受眾想避免風險而行動。

以之前的三款商品來舉例，最後可以這樣主張：

	怕死／嚴重化
防癌險	得癌症不是死刑定讞，只要有妥善的保險，有充足的醫療費，幫助你安心治療養病，你其實可以康復享受人生，而不是無奈地向家人告別。
高價位單車	運動是最好的保健品，但有安全保障的運動才是有品質的保健。單車是交通死亡率第二高的交通工具，避免各種致命行車意外，你應該慎選一輛陪你安心馳騁的智慧科技單車。
頂級塑身衣	想要變美變瘦，妳不用吃來路不明的藥、妳不用忍受絕食的痛苦、妳不用在自己身上挨刀、妳不用擔心整形失敗、無法見人的風險，塑身衣低副作用不傷身，妳可以更安全地變美變自信。

要創造「嚴重化」，請你試著造出這個句子：

如果不這樣做，小心你可能會□□。

嘗試提醒受眾沒有使用商品的風險，並說得嚴重些，是它設計的訣竅。

每次講到「嚴重化」是學員最容易有疑慮的環節，他們很怕自己會不會變得「危言聳聽」，變成「販賣恐懼」。

這邊有三個可以思考的地方：

1. **根據商品屬性決定是否使用**。曾有學員販售的是唇膏，這類商品「塑造願景」顯然比「提醒風險」自然多了。

2. **嚴重化中間仍有尺度拿捏**。我們不必誇大，但可以是善意提醒。以脣膏為例，你也可以標榜全天然食品級原料，不用擔心吃下有害物質，不誇大但卻依然提醒了風險，凸現了優勢。

3. **嚴重化可以與崇高化並用**。一手秀棒子一手秀蘿蔔。一方面點出風險，一方面描繪願景，讓落差拉大，動力加倍，正反面向也都有顧及，平衡調性。

「嚴重化」本身只是工具，沒有好壞之分，對於特定類型的商品，有時「嚴重化」比「崇高化」有效一百倍。

比如「戒菸廣告」好了，你一直宣揚戒菸多麼偉大、家人會為你驕傲、朋友會更喜歡你。還不如讓他看看黑掉的肺、肺癌垂死的病人、被二手菸影響的畸形胎兒，他可能更有危機感，進而提高戒菸意願。

說到這你可能聯想到了，市面菸盒上強迫印製的警語圖片，就是在進行「嚴重化」的提醒。只要不過度誇大，你的提醒就不是恐嚇，而是為了避免遺憾發生。

手法三：便利化

最後一個手法「便利化」，是指將使用商品的成本降低，標榜輕鬆、快速、省事、完整。它是我們人生三求中「省時」的應用，讓受眾一方面覺得不費事不費力，一方面覺得效益比高，提高行動意願。

以之前的三款商品來舉例，最後可以這樣主張：

	省時／便利化
防癌險	還在被各式各樣的保險商品搞昏頭嗎？本防癌險每天只要十元，一次擁有十五種癌症全盤規劃，並保證用最快速度、從寬認定理賠。
高價位單車	本單車特殊輕量材質，人人好上手，有效降低身體疲勞不適，輕鬆變身專業車友。還享有終生實體店面免費車體保養與運動諮詢。
頂級塑身衣	塑身衣讓妳腰圍一秒少六吋，有效維持一整天健美體態，每天穿著還能雕塑身形，輕鬆省事而且無失敗風險。

要創造「便利化」，請你試著造出這個句子：

只要有了它，你就可以輕鬆快速□□。

嘗試強調受眾使用商品的低成本、低風險、高效益與便利性，是它設計的訣竅。

我們想要促使受眾行動，要先知道他們為什麼不行動？

人類行動與否往往取決於兩大因素：動機與難度。

舉個生活例子，假設有人想要減肥，如果他覺得胖胖的也沒什麼不好，沒有什麼一定要減的原因，當動機太低，他就不會行動了。

這時我們可以嘗試提高他的動機，跟他說減肥瘦下來大家都會崇拜佩服你（崇高化），跟他說肥胖的健康疑慮容易早死（嚴重化）。將動機提高，他就有更高的行動意願。

假設他願意減肥了，但是他跑步了一下覺得好累喔，而且又要節食好痛苦喔，他覺得這對他來說太難了，當難度過高，他也不會行動了。

這時我們給了他一個震動機，只要站上機器，靠著震動就會燃燒脂肪，邊看電視也能瘦（便利化）。我們將難度降低了，他就願意嘗試減肥了。

由此可知，要**讓人行動有兩大思考方向：「提高動機」或「降低難度」。**

前面講的「崇高化」與「嚴重化」，一正一反都是在做「提高動機」。而「便利化」則是在做「降低難度」。

當你將行動的過程佈置得越舒適便利，有好處又不難，他自然再也沒有不行動的理由。

說明完了高利重，前一步驟我們整理出來的故事大綱，就是要在故事的收尾時，再次強調這三點，將球補上臨門一腳踢進得分。

崇高化：你買的不是商品，而是一份□□。

嚴重化：如果不這樣做，小心你可能會□□。

便利化：只要有了它，你就可以輕鬆快速□□。

也就是當故事說完了，**最後一段或最後的結語，你應該來一段「行動呼籲」，起到「提高動機」或「降低難度」的作用，讓受眾有更高的行動意願，而不只是把**

故事看完。

你可能也發現了，高利重的設計，絕不只是能用在結尾，你要回過頭修改故事的內容或素材，將它變得煽情、恐嚇或充滿好處，當然也可以。只是別忘了故事最後還是要再一次提醒讀者行動。

下一篇，我再幫你回顧一下整個故事設計流程，也幫你將前面的案例整合起來呈現，讓你更好理解。

10 總結故事流程

口訣：「功解情」「常境變」「高利重」

先幫你複習一下三段口訣。

第一段發想口訣「功解情」：由商品功能去思考能解決什麼問題，這問題又會發生在什麼情境。這個情境就是我們故事中的主場景。

第二段發展口訣「常境變」：前段口訣中得到的「情境」我們要將它嚴重化為「困境」，而商品「解決」則將為困境帶來好的「改變」。從「困境」到「改變」就是故事的主線。最後為了讓故事吸引人，我們還必須回頭設計「反常」，讓故事引人好奇（反常手法留待第十六章〈機制〉篇說明）。

第三段發動口訣「高利重」：故事完成之後，思考故事最後的尾段或呼籲，能否讓受眾會想做出指定行動。可以靠黑白手法來提高動機，也可以靠便利手法來降低難度。讓故事不是被看完，還能達成行銷目的。

這三段口訣我整理成了一個表格（一二二頁），每一項旁的編號代表構思順序，依序一二三步驟「功解情」完成後，第四步驟是先跳到「困境」，而困境下方的小字也暗示你「困境」從「情境」而來。

同理，第五步驟「改變」也暗示你是從「解決」而來。再來構思「高重利」三種強化的可能性，撰寫故事結尾的呼籲主張。

等到故事都完成了，再回頭設計「反常」開頭，下方小字寫的「機制」，是後面會介紹到的十大故事吸引人元素，幫助你設計出有趣吸睛的開場。

你可以將一二二頁表格重新繪製，也可以影印掃描使用，在網頁上我也準備了PDF檔方便你下載使用，課堂上多數學員運用此表格發想都可以在六十分鐘內完成故事草案，歡迎你嘗試看看。

三段式口訣表格下載

我也要提醒你，多數故事卡住的原因，其實出在對商品與受眾不夠瞭解，如果你一直沒有靈感，建議先退回思考「商品四問」（二十八頁）與「人生三求」（一〇三頁）。也許瓶頸就能順利解開喔。

根據以上學到的技巧，我也將案例整理成了三份文字式的銷售頁（一二三到

一二五頁），供你對照之前講過的內容，幫助你理解怎麼將此表格化作成品。掃描下面的 QR 碼，可以看成品大圖。

發想×發展×發動：故事撰寫 SOP

發想	**功能**①	商品有什麼客觀且為事實的特點	
	解決②	商品能解決誰的什麼問題	
	情境③	上述問題直覺會發生在什麼場景	
發展	**反常**⑦ 機制	先勾起讀者懸念，對故事一探究竟	
	困境④ 情境	運用感同身受，與主角建立情感連結	
	改變⑤ 解決	商品成功解決問題，正向改變主角生活	
發動	**行動**⑥	崇高化	被愛：需要／推崇／喜歡
		嚴重化	怕死：健康／安全／情緒
		便利化	省時：輕鬆／快速／省事

三個商品的銷售頁範例大圖

防癌險銷售頁範例

只是一杯咖啡的時間，
您在乎的人就可能永遠離開您

離別總在不知不覺，命運的捉弄永遠讓人措手不及。

有時候，我們甘願用生命中的一切，去換一個好好告別的機會。

三組關鍵數字，一個真實故事，請你千萬不能掉以輕心。

每 5 分 6 秒
就有一個家庭心碎

60多歲的王先生，辛苦工作了大半輩子剛退休，還打算跟老婆去環遊世界，卻意外被檢驗出罹患了肝癌。

手術切除腫瘤後本來以為沒事了，沒想到1年半後又再復發，之後陸續接受了3次栓塞治療，每次都要花上6萬元。

不只壓力如山，退休後的人生也只能在病床上度過。

每 330 人
就有一人罹癌

多次栓塞治療的王先生，本來以為病情可以好轉，能讓病床旁的太太不再擔心。

但前陣子，王先生下半身突然感覺有點麻痺，檢查發現，癌細胞已經轉移到了胸椎。

由於歷經不斷手術的痛苦，家中也被昂貴的自費療程拖垮，王先生只能無奈選擇放棄治療。

76 萬元
就可以摧毀一個家

王太太面對攜手相伴30多年的丈夫，怎麼可能有辦法放棄。

王太太過去4個多月來，已經自掏腰包，先後拿出所有積蓄和養老金逾70萬元為丈夫買藥，下一步就打算賣房子了。自己和孩子的未來，眼前也顧不到了。

據統計，國人常罹患的肝癌，平均醫療費就高達76萬元。老實說，有多少家庭能毫無負擔的支付？

幫我們爭取多一點時間，能更溫柔地說再見

相愛的終點，不該是倉惶失措地分別、不該是別無選擇地放手。

早一點綢繆，多一點準備，

可以幫助每一雙溫熱的手，能緊緊交握到最後；

讓每一位珍惜的人，有機會重新回到我們的身邊。

其實，只要我們做好準備，就能跑在命運之前，

多爭取一點時間，更溫柔地說再見。

瞭解家庭安心指數

高價位單車銷售頁範例

就算你有27段變速
都躲不過
措手不及的意外

有的人只追求腳踏車越輕越好；
有的人只注意腳踏車有幾段變速；
有的人只在乎腳踏車外型夠不夠好看
但你知道嗎？
腳踏車竟然高居交通死亡率
第二名
在你出發追風之前，
先認識馳騁千里的三大殺手！

殺手一：半路高速震盪解體

今年二月，台北橋下發生一起嚇人意外，腳踏車騎士急著穿越車水馬龍的大馬路，腳踏車卻因路面高低差的震盪，導致車身瞬間解體，前輪脫落，讓騎士整個人前撲重摔在路面上，下巴敲地，久久無法爬起，同時一旁的汽機車仍在高速呼嘯而過，驚險萬分。

殺手二：刺穿爆胎控制失靈

前年新北土城也曾發生47歲的林姓法官，在下坡路段過彎時，疑似突然輪胎爆胎，讓他失控自摔，人就倒在彎道的電線桿旁，整個人陷入昏迷，被路人發現緊急送往醫院時，才知道是顱內出血，進入加護病房急救。

殺手三：遇難失聯無人發現

許多單車朋友熱愛山區下坡過彎的快感，但卻不知道這反而是最危險的路段。2015年就有一名44歲的葛姓男子，在陽明山冷水坑下坡過彎時摔落3公尺深的邊坡，一個人苦等救援。2009年 國內某企業 29歲少東也因騎下坡摔落山谷身亡，不勝唏噓。

當意外發生時，如何在命運之神面前逃過一劫呢？

踏著微風，探索自己
讓安心陪你去遠方

應該印記美景的時候，不該提心吊膽；應該享受人生的時候，不該忐忑不安。
為了避免遺憾的發生，單車配備科技需不斷進化：

吸震型管件讓顛簸遠離威脅；

自動化補胎讓穿刺不再嚇；

摔車警報通知讓獨行俠更有保護

一切的一切
都為了讓你享有一趟你應得的完美旅程。

呼朋引伴，騎在車上，春光明媚，微風涼爽。
只要為自己多準備一點保障，一輛安心的車能伴隨你前往更遠的地方！

瞭解愛車如何升級

塑身衣銷售頁範例

她46歲，失敗十年終於掌握了變瘦的秘密

妳知道嗎？脂肪其實會移動。

如果它在正確的位置，五十歲也能像二十歲。

萬一它在錯誤的位置，妳的人生就可能會像徐太太一樣，慘遭接二連三的打擊。

讓我們來看看46歲徐太太的真實自白。

兒子的打擊

徐太太無奈地說，其實一直以來她都非常勤於保養自己的身材，也保持運動的好習慣，但因為體質的關係，肚子、手臂、大腿，總是有一圈消不掉的肉。

為了讓體態好看，幾年前甚至還不惜挨刀抽脂，但過沒多久，身上的肉又一點一點長回來，讓徐太太苦無辦法。有次在參加完兒子的家長會後，

兒子回家竟然說：「媽，我同學都問我，你是不是我外婆。」雖然這只是小孩子的玩笑話，卻讓徐太太非常受傷。

老公的打擊

徐太太也試過食療、調養、埋線等等方法，只差沒有去求神拜佛了。而朋友們都安慰自己的狀態很正常，不需要太多心。

可是徐太太有次陪老公出席與朋友的聚會，飯後大家在討論要不要加點蛋糕時，老公突然冒了一句：「她那個樣子不用吃了啦。」語畢全場哄堂大笑，當場她也只能陪笑，心裡卻在滴血。

回家後當然跟老公大吵一架，但再怎麼吵，也無法彌補心裡的痛。

閨蜜的打擊

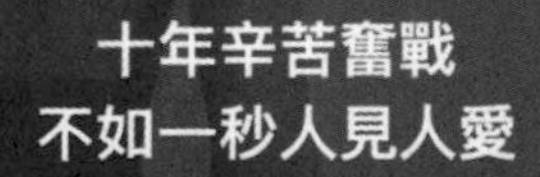

老實說，徐太太也知道自己身材其實沒有那麼糟，跟同年齡的朋友相比，自己算不錯的了。

但有次在姐妹的聚會中，一個一直以來頗為肉感的好姊妹，出現時身材竟然比之前瘦了一大圈，整個人容光煥發，尤其是臉上有自信的模樣，讓她看起來年輕了十幾歲，兩人一比簡直像是母女。

兩人沒見面也不過短短半個月，這中間到底出現了什麼奇蹟，包含徐太太，每個姊妹們都想知道秘密？

十年辛苦奮戰
不如一秒人見人愛

聽了好姊妹的介紹，徐太太終於可以讓自己重新找回美麗與自信。

原來秘密就在：我們人身上的脂肪是會移動的。

只要能長期推擠，就可以讓它移動到我們想要的位置，讓自己重拾女人味。

而能長時間又無負擔推擠脂肪的秘密武器，就是穿上一件量身訂作塑身衣，

就像每分每秒都有按摩師在幫妳拉提一樣，

讓自己抬頭挺胸、保持正確體態，有如重回二十歲的效果！

但塑身衣不一定人人都適合，還必須經過專業的評估。

如果妳也有徐太太的困擾，歡迎進行初步的線上免費評估！

馬上瞭解自己適不適合

你還記得本章開宗明義的目的嗎？那就是讓你學會一套精煉、實用、百搭、好操作的商用故事製作流程。你也可以說它是結構、套路、公式。你可能很排斥這些代表著「重複」的名詞，怕讓你的故事因此失去了創意，但我想分享一個有趣的統計讓你知道。

最需要創意的工作應該就是「廣告」了吧。曾經有個以色列研究小組，他們搜集了兩百個知名的廣告，大多都是廣告大賞中得獎或入圍的作品，受過市場與業界的肯定。

研究小組整理後發現，這兩百件作品中有百分之八十九的作品都有「共通之處」，可以歸納成六大組別或稱為六大樣板。

這是個很有趣的結果，因為我們一向都會認為「成功的創意應該都很獨特」，是創意人顛覆過往的心血結晶。但事實上它們似乎隱隱有一套潛規則在運作。

既然可以整理出樣板，那表示創意是可以被複製、可以被學習的吧？

於是研究人員決定做個實驗，他們找來了三組廣告業的菜鳥，給他們同樣的產品，要他們製作出十五支廣告。

第一組，最原始的。他們接到指令就直接製作。

第二組，他們必須先上兩小時資深老師的創意課，再去製作廣告。

第三組，他們則是學習怎麼運用六大模板之後，再製作廣告。

當三組都製作完成，再將廣告給消費者測試，請他們評價哪個組別的廣告最具有「原創性」。

結果是第三組的得票比其他組多出了百分之五十，獲得壓倒性的勝利。

這表示什麼？其實有點尷尬，這表示**運用樣板的創意成效不只高過一般人，還高過學過創意的人。**

這也證明了**一般大眾接受的創意，其實並不是那麼地創新**。反而是在一個大框架下的創作，更容易讓大眾感覺到新鮮。這也是為什麼好萊塢電影圈流傳著一句話：

「給我同一套，但要不一樣。」

市場上這麼多有趣的電影，其實都是建立在同一套樣板上。這也是我們請你使用結構與步驟的用意。我們設計流程，就是為了有系統地操作，加速製作也能維持一定品質，飛快達成八十分的水準。然後將省下來的時間，用來煩惱無法簡化的難點——也就是故事的修潤，一步步從八十分到八十五分、九十分。

第二部分開始，我就要跟你分享故事行銷裡最大的秘密，也是最難的環節。結構永遠只是故事的基本盤，搞定了結構，說一個好故事的訣竅，就在接下來提到的〈故事優化六字魔法口訣〉。

PART 3 ELEMENTS

要素拆解

11 什麼是好故事：口訣「劇情簡易基金」

好故事就是「有感動、有體驗、有寓意、印象深」

前一章節分享了怎麼有系統編制商業故事，但這只是「有一個故事」，仍然不能保證它會是一個「好故事」。

到底「故事」與「好故事」差異的界線是什麼？怎麼樣的故事可以算是一個好故事呢？我們先來回顧一個流傳已久的都市傳說。

有一名男子到國外出差做生意，晚上他一個人到酒吧小喝一杯，這時他與另一位同樣單身的金髮美女看對了眼，兩人喝了幾杯酒，相談甚歡，便有默契地一起回到飯店房間。

男子本來期待著一場豔遇，但回到房間後，不知怎麼他就迷迷糊糊暈過去了。

當他再次醒來，他第一個感覺是好冷啊！他發現自己全身赤裸，泡在了放滿冰塊冰水的浴缸中，同時他覺得後腰有些麻、有些疼痛。他用手摸了一下，結果手上卻是一片鮮紅，滿是他自己的血。

慌亂的他看到浴缸旁放了一支電話，上面還貼了一張便條紙，紙上寫著：「不要亂動，你的腎臟被拿走了，如果你趕快叫救護車，也許還有機會活命……」

這則故事應該已經有二十年的歷史，你可能看完第一段就猜到了後面的發展。它最早透過電子郵件不停地擴散。雖然事後有人查證這篇故事根本是網路謠言，只是地點從墨西哥、東歐、中國、東南亞變來變去，但依舊令人印象深刻，讓人一旦在酒吧遇到單身美女，都會忍不住摸摸自己的後腰。

對我來說，這篇故事就滿足了「好故事」的條件。而同樣的內容，我其實也可以這樣說：

男子被盜腎集團設計，酒醉醒來後腎臟已被取走，尚有意識的受害男子立刻報警求救。

這就是常見的新聞體寫法。你要說它不是故事嗎？但是它也有人物、事件、結局啊，而且事件還非常懸疑且衝突呢！但你應該很難說它是一個好故事吧。

由這兩項對比，我可以簡單定義一下，什麼是好故事。

好故事就是能令受眾觸動情緒、感同身受、有所體悟、容易記憶的故事。

你還嫌太文謅謅嗎？最白話解釋就是「**有感動、有體驗、有寓意、印象深**」，這樣就是一則好故事。

接下來，我就一一說明怎麼做到，這也是我們修潤故事的任務。總共有六個優化要點，將它們的首字串成一句口訣，也是十二到十七章的標題縮寫，又稱「故事優化六字魔法口訣」：「劇情簡易基金」。

12 故事優化六字魔法口訣㈠：具體

形容詞是故事的天敵，請替換成「動作」或「對白」

你有沒有看過美食部落客寫的用餐經驗。我曾經看過一篇部落客寫的鼎泰豐食記，文章中放了很多照片，照片之下有簡短的註解。小籠包的照片下，他寫著：「好吃的感覺。」沒了，就這樣五個字。即便有照片可以看到小籠包本體，但還是讓人覺得「有寫跟沒寫一樣」。

到底這個「感覺」是什麼感覺，難道不能說得清楚具體一些嗎？

在寫作的時候，最忌諱的就是「不具體」。因為**沒有具體動作或物件就沒有畫面，沒有畫面就難以想像，難以想像就不會有深刻的感受。**

因此**請記得一個心法，形容詞是故事的天敵。**當你完成故事初稿的時候，請拿一支紅筆，將所有文稿中的形容詞全部圈起來，然後思考，這個形容詞可以怎麼替換成「動作」或「對白」改寫，但仍維持相同的意思。

基礎作法一：形容改成動作

形容詞是描述的捷徑。當我說「洛克是個帥哥」，你心中對帥的要求，跟我心中對帥的看法肯定是不一樣的。我雖然用「帥」這個形容詞快速為洛克的外貌做了說明，但它依然是抽象模糊。

使用形容詞就像是為被形容的本體薄薄地刷了一層油光，有起到淡淡的作用，但並不真實。就像走在市場或早餐店，無數老闆娘都會大聲叫我帥哥，但我一次也沒有相信過（雖然還是有點開心）。

要讓敘述變得真實一些，我們先嘗試將形容改成動作：

形容：我的機車很爛、超爛。

改動作A版：我每次騎車都要先踩二十分鐘才能發動。

改動作B版：騎在我機車後面的朋友，回家都要先擦臉。

筆下的「爛」是多爛呢？當改成動作之後，讀者對於機車爛的程度就變得清楚且有畫面了。

同時你有沒有發現，你在形容詞前面再加修飾的副詞，無論怎麼加，也無法讓形容詞變得具體。

「很爛」「超爛」「非常爛」「無敵爛」在讀者眼中仍然是相似而且模糊。許多文案或文宣喜歡用「超」這個字，超好用、超便宜、超方便、超厲害。這樣的寫法就是我說的「走捷徑」。傳達的目的是達成了，但功效卻微乎其微。

如果描寫時，實在寫不出具體動作，則可以改成想像出的動作，說它「像什麼」，也就是譬喻的寫法。

小說《哈利波特》在描述校長鄧不利多的鼻子時，就用了這樣的寫法：

「他的鼻子又長又彎，好像至少斷過兩次。」

形容詞「又長又彎」之後又接了譬喻「好像至少斷過兩次」，讓前面的形容詞變得立體、有畫面、可以明確想像。

當無法寫具體動作時，譬喻成一個想像動作或情況，只要具體能夠形成畫面，都比只寫形容詞能打中讀者。

基礎作法二：置入原始對白

除了將形容改為動作的做法，變成改為對白也是一種更具體的方法。

形容：主管看到我很生氣。

改對白：主管看到我後，對我大吼：「洛克，給我滾過來！」

大吼已經是一個動作，再加上對白內容可以讓主管生氣的模樣清楚呈現。對白有一種魔力，每個人的措辭語調都不一樣。在寫對白的時候，盡量可以忠實保留說話者的語氣，就能呈顯當下的情境。

簡約版，主管說：「我等了你好久。」

原語氣版，主管說：「你知不知道我等了你多久？」

雖然兩句意思相同，但情境氛圍卻截然不同，在說故事的時候，保留原始情境當然會讓讀者更有帶入感。

要將形容改成「動作」與「對白」，其實也關係到了有沒有做好「素材搜集」的工作，在為商品或品牌寫故事的時候，如果可以事先搜集真實做過的動作、說過的話，這時就能成為很好的素材。

當然，這些動作對白的選用，必須是可以解讀出人物心態或呈現衝突，放在故事中才會有意義。

我舉個自己的例子，在還沒有全職寫作之前，我也在民間企業當過小職員，那時候工作表現還算不錯，主管也對我寄予厚望，可是我心中一直想要寫作，深思熟慮後便向主管提了離職，主管勸了我幾次，我還是決心要走。

我在會議室跟主管說：「我想去做我一直想做的事。」

到最後主管無可奈何，也帶了一點不悅的情緒，便冷冷對我說：

「我祝你這一生，窮途潦倒、一事無成。」

窮途潦倒、一事無成。這八個字我想我會牢記一輩子。每每想起這位主管給我的「負向激勵」。就讓我可以咬牙撐過難關，不願被人看衰。

在寫故事中，如果能放進這種具有衝突或煽動情緒的原句，場景感會更加立體，有助於讀者進入故事。

進階作法：物件暗示

具體法的進階是連「物件」都要具體，但這不是指讓你寫流水帳，什麼雞毛蒜皮的小東西都寫，而是讓出現的每個物件可以含有其他的意義。

電影《阿拉丁》主角是一名街上遊手好閒的小混混，日常做的事肯定不太高尚合法。故事中阿拉丁登場的第一個事件就是他偷了東西正被警衛給追捕。

假設你是編劇，這個被阿拉丁偷的東西（物件），你覺得它應該是什麼比較好呢？

如果阿拉丁偷的是鑽石、珠寶項鍊，那我們會知道阿拉丁真的是一個貪錢的人。但電影中阿拉丁偷的卻是一條麵包。什麼樣的人會偷麵包呢？當然是為生活所逼、走投無路的人。因此觀眾對阿拉丁的同情便油然而生。麵包就暗示了阿拉丁的不得已，而非形象負面的小混混。

當我們在故事中，試著將物件寫具體，同時還能帶出暗示，就已經是大功一件。再舉個例子，假設我想寫「爸爸開著他的車來參加我的大學畢業典禮」。這句當中的物件「車」若能寫得具體一點，情境會有什麼改變呢？

版本A：爸爸開著他的保時捷來參加我的大學畢業典禮。

版本B：爸爸開著他送肥料的小發財車來參加我的大學畢業典禮。

光是把車子寫具體，讀者對於故事中的爸爸想像就完全不同了。版本A的爸爸，下車應該意氣風發，舉止可能有些招搖。版本B的爸爸，可能會顯得比較沒有自信、扭扭捏捏，怕給兒女丟臉，但誠懇跟兒女的同學老師問好致謝。

什麼人就用什麼物件，物件可以反映人的生活、經歷甚至性格，當你將物件寫具體，並讓它符合人物的身份處境時，即便不明說，物件也會起到暗示的作用，讓讀者感受到更多的潛在資訊。

最後，如果可以讓故事中的物件或動作成為一個情感意義的象徵，會是更高招的做法，這一招我們下一篇〈情感〉再來說明。先記得本篇的故事優化重點：

1. 將形容詞改成具體動作，或用譬喻寫法
2. 放入能讀出心態或具有衝突的真實語氣對白
3. 讓出現的物件能暗示人物的心態或處境

故事中出現的形容詞或模糊的敘述，就靠這三招化成具體畫面吧！

13 故事優化六字魔法口訣(二)：情感

故事情感永遠藏在對家人、朋友、同事、顧客的關注

許多想幫商品或品牌寫故事的業主，都希望自己家的故事能夠感動讀者。如果這也是你寫商用故事的希望，我想請你先問問自己，你有多少次讀完別人的品牌故事被感動的經驗？應該次數少之又少吧！

許多人進電影院連看催淚電影、煽情悲劇都不會感動悲傷了，想要路人看短短的品牌故事就心有感動，這會不會太強人所難了呢？

最常發生的情況總是這樣，業主自己動手寫了一篇品牌血淚故事，自己看了覺得超感動，但路人看了只會覺得：「喔，我看完了。」一點感覺也沒有。

這主要是因為我們沒有親身經歷過業主奮鬥的過程，他筆下的一句「咬牙撐過週轉不靈」，對我們來說只是一則沒有情感的中性資訊，但對他來說卻可能是當時

日夜輾轉難眠、食不下嚥的深刻記憶。

所以即便筆者胸口有激盪的情感，回想起來都會哭，但依然需要學習呈現的技巧，才能有效傳遞心中的感動。

人為什麼會感動：哭泣三元素

你有沒有想過為什麼人類會哭泣呢？想要讓讀者感動，我們必須先知道人類會為了什麼而哭泣。

這邊我要自爆一段過去，在我讀大學時，有一個同學推薦我看了一套電視劇《仙劍奇俠傳》，他不知道從哪找到了全集可以看。

他將影集給我時，還小心翼翼地提醒我說：「小心喔，最後會哭喔。」

我當時還不屑地說：「不就電視劇嘛，又不是沒看過。」

但沒想到看到第五十集完結的時候，堅強如我也忍不住落下男兒淚，真的太感動了。

於是我也將它推薦給我的大學室友，同時我一直默默觀察他的觀看進度。當他看到最後一集時，我知道「要來了」，我默默退出了寢室，留給他一個獨處空間。

大學的宿舍寢室門上都有一個小小的菱形窗，我就站在走廊從小窗偷看他。果不其然，他也趴在桌上痛哭，肩膀不停顫抖。

雖然這段往事聽起來有點好笑，但卻可以讓我們思考一個問題，當一部影集可以在同一個位置（最後一集），讓三個少男觀眾全都感動哭泣，這絕對不會是巧合，肯定這邊被埋了一個有效運作的哭點。

哭點本身是存在且可以控制的。

你也可以思考一下，你上次哭是什麼時候，是為了什麼原因呢？

如果能抓出自己的感動點，是不是也可以仿效複製呢？

這邊我幫你整理了三大哭泣元素，我用一個節目片段來解釋這三個常見哭點。

日本有個綜藝節目去採訪了一位高齡七十六歲的秀夫老爺爺，訪問他說，如果有機會對十八歲的自己喊話，想對十八歲的自己說什麼呢？

秀夫老爺爺就對當年正要考大學的自己說了：

「喂！秀夫，我是七十六歲的你啊。你會報考有名的東京都立與早稻田大學。我希望你好好學習，所以先告訴你結果……」

秀夫老爺爺一臉正經地說：「你重考了兩年，去了比較差的中央。」

語畢，綜藝節目裡的來賓哄堂大笑，秀夫老爺爺也太幽默了吧！

採訪還沒完，秀夫老爺爺還有第二段喊話，他想對二十四歲，正猶豫要不要求婚的自己鼓勵。

「喂！秀夫，我是七十六歲的你，你怎麼樣？」秀夫老爺爺一樣爽朗地問候。

「你會在公司認識一個女孩，跟臉超小、超可愛的小華醬交往……因為你一向沒有女人緣，所以懷疑自己是否配得上她，一直猶豫要不要求婚……心中有愛，就要馬上行動啊！」秀夫老爺爺大聲呼籲！

「因為……」老爺爺語調開始變緩，「兩年後……小華醬……就會因病去世……」

節目來賓頓時嚇了一跳，秀夫老爺爺的面容也變得哀傷，深呼吸了幾口，才又開口繼續說：

「你會無比後悔、極度悲傷，一直都忘不掉……所以，直到你七十六歲……依然獨身、未曾娶嫁……」

此時，節目裡的來賓都瞪大了眼，不可置信。

秀夫老爺爺最後緩緩地說：

「所以秀夫……請替我轉告親愛的華醬……我整個人生當中……唯一最愛的女人……就是華醬，最喜歡的人……就是華醬……請一定要幫我告訴她……」

秀夫老爺爺說到這，節目裡許多來賓已經頻頻拭淚、低聲啜泣。

這段日本節目，我嘗試用文字還原當時的場面，但我想感動程度可能仍不及親眼目睹的十分之一，令人動容流淚。

這個片段之所以讓會人想哭，就是因為它匯集了三大哭泣元素。

1. 離別感

生離死別是人生一大難以忍受的事，一旦要跟所在乎的事物告別（死亡、失戀、畢業、分隔兩地等），日後難以相見，都會令人心酸難受。

許多人看電影最無法忍受「犧牲」的橋段，犧牲就是放棄在意的某事物成全另一個事物，譬如《鐵達尼號》的傑克為了蘿絲犧牲自己生命，這也是離別感的延伸。

秀夫老爺爺就是因與他的愛人死別，思念卻無法相見，令人難過。

2. 悔憾感

離別感已然強大，再加上時間的催化，難過程度會再升級。

你有沒有後悔的事或者遺憾的事呢？當有一件事、有某個人你已經注定錯過，也許有句沒說出口的話想說？也許希望能再見那個人一面？但都已經無法做到了。這種「來不及」的感覺是第二種哭點炸彈。

我們常看到電影中，某人轉告女主角一段男主角的遺言，或者用書信讓女主角讀到最後男主角想說的話，這種「我有話想告訴你，你卻再也無法收到」的「單向傳遞」也是悔憾感的延伸。

秀夫老爺爺則是請二十四歲的自己轉告他有多愛華醬，但我們都知道這是不可能傳達的，華醬再也無法聽到與回應了，這時悔憾感就來到最高點。

3. 逞強感

五月天有句歌詞是：「才發現笑著哭，最痛。」在戲劇中也常有種設計，明明是很難過的時候，卻要笑著裝作沒事，這時觀眾會加倍揪心。

在電影《我的少女時代》有個場景就是男主角徐太宇已經有些愛上了女主角林

真心，但他還是將林真心笑著推給她愛慕的另一個男生。下一秒轉身，徐太宇背對著林真心，他的表情瞬間從微笑變得悲傷，卻不讓林真心知道，這一個畫面不知道讓多少影迷心碎。當逞強讓情緒有了反差，難過會加倍。

秀夫老爺爺在訪問前半段還能自嘲自己大學考爛，也把觀眾逗笑，下一刻急轉直下，離別感與悔憾感發威，也讓情緒先揚後抑，造成反差。我們也發現秀夫老爺爺的搞笑之下其實藏著悲傷的故事，故作堅強的人總讓人加倍同情。

離別感、悔憾感、逞強感是我在構思感人故事時的切入點，也是前期訪問、找資料的搜集方向，可以問問故事中的主角（受訪者）：

1. 曾經失去什麼在意的人事物呢？
2. 現在有什麼後悔或遺憾嗎？
3. 有什麼時候明明難過卻故作堅強嗎？

將這些素材寫入故事中，就先讓故事內建感人元素囉！

情感類型有哪些

感人故事通常會用一兩種情感為主軸，情感類型大致有兩個方向：

1. 人際關係的情感：友情、愛情、親情、師徒情、夥伴情、寵物情
2. 自我狀態的情感：成就感、犧牲感、孤獨感、自我價值感

第一類皆是跟他人的連結。我們將它們與三感相乘，可以變成這樣的思考方向：

1. **友情×別離感**：有哪一個當年的好友死黨，現在已無法相見的嗎？
2. **愛情×悔憾感**：過往的愛情，有什麼後悔遺憾？多希望當年可以補救的嗎？
3. **親情×逞強感**：有什麼時候明明難過，卻為了家人故作堅強、不讓家人知道的嗎？

第一類人際關係的情感比較直覺好懂，只要讀者觀眾有家人、有好友、有戀愛

過，就容易被這類型的情感打動。相較之下，第二類則是專注自我狀態的情感。

1. 成就感：主角歷經種種苦難，克服難關，終於達成目標。

2. 犧牲感：主角為了達成目標，犧牲自身事物，如果是為了公益會更崇高。

3. 孤獨感：覺得在世界上不被任何人理解或不與他人連結，空虛迷惘。

4. 自我價值感：確定了自身存在的價值，對自我存在感到有意義。

有些自我狀態的情感，如果讀者觀眾沒有類似的經歷或心境體會，不是那麼容易引起共鳴，所以在敘事上特別需要一個「有感的情境」。要讓受眾看到情境時，能夠體會到「啊，我也曾經有這樣過！」我舉個廣告的例子來說明「孤獨感」。

故事中老婆在家做好晚餐，等著老公下班。老公到家後卻不上樓，自己一個人坐在車子裡，什麼也不做，只是靜靜待著。這時字幕浮現：

「上班當員工，下班當老公，偶爾也想當當自己。」

這種不被理解、渴望做自己的感覺，雖然不至於讓人感動流淚，但對於有類似處境或心境的老公，會有種「嗯，你懂我」的感覺，頓時對故事產生好感。

在寫完故事草稿後，應該看一下，故事主打的情感類型是什麼？再由此連結哭泣三元素，這也關係到故事能打動什麼樣的受眾。

如果你想打安全牌，人際關係的情感是最容易讓群眾有感的。萬一真的想不到，第一優先就從「父母」入手吧，至少這是多數民眾皆有人際連結。

情感象徵的使用

還記得第十二章〈具體法〉中我們提到用「物件」來暗示資訊。而寫作中有個「象徵」手法，則是**讓物件成為情感的代表物。**

例如，小時候爸爸為了獎勵你，買了一枝鋼筆給你。多年之後，你長大成人，爸爸卻已經不在了。當你看到了這枝鋼筆，你就會想起爸爸對你的好，這就是讓「筆」成為「爸爸對兒子關愛」的象徵。

在品牌故事或商品故事中，難免會想要塞進自家的商品，如果可以將自家商品變成故事中的象徵物，商品的出現就不會那麼突兀囉。

這邊我要**分享一個象徵物運用的私房小技巧，那就是讓象徵物出現「兩次」。**第一次的出現是輕描淡寫地提到，而第二次的出現卻會讓人感謝想念起某人。我用擅長拍攝感人廣告的「東京瓦斯」為例。因為「瓦斯」是一個很難呈現的商品，所以東京瓦斯都會將「瓦斯」與「烹飪」連結，把被烹飪的食材當成故事中的象徵。

東京瓦斯有一則「留學女孩篇」的故事是這樣設計象徵的：

第一次出現：吵吵鬧鬧卻默契十足的一家人，媽媽在群組裡問了晚餐要吃什麼，爸爸說要牛排、弟弟說要漢堡排、姊姊說要可樂餅，同時姊姊眼睛盯著一張海外留學招募的海報。最後媽媽卻煮了泡菜鍋。

中間的鋪墊：接著劇情穿插一些家人相處的小細節，像是弟弟怪媽媽沒有叫他起床、爸爸像個孩子一樣掙扎著想買模型、全家人接力唱著同一首歌，有時溫馨、有時好笑。

第二次感念：影片最後，姊姊接獲了海外留學的錄取通知，在出發前一晚，媽媽一邊炸著可樂餅一邊哭泣。姊姊在餐桌上吃了一口可樂餅，一邊說著：「很好吃喔。」一邊流下眼淚。可樂餅就是本故事中的母女親情象徵。

東京瓦斯另有一則「吃魚男孩篇」的故事是這樣設計象徵的：

第一次出現：主角從小跟祖母住在一起，長大了離開家到外地工作。與主管吃飯時，主管忍不住誇獎主角說：「你把魚吃得很乾淨很漂亮呢！」主角忍不住回想起，從小祖母其他方面都很慈祥，唯有對魚的吃法特別嚴格，必須只剩一條乾淨的魚骨。

中間的鋪墊：接著劇情穿插主角小時候成長的經歷，第一次打架的晚上，吃著祖母煮的魚。第一次收到情書的晚上，吃著祖母煮的魚。他也曾經嫌祖母煮的菜太老套，讓他在朋友面前丟臉，而對祖母發脾氣。

第二次感念：影片最後，主角放假回老家看祖母，祖母依舊煮了魚。吃飯時，主角忍不住向祖母說：「那時候……對不起。」為當年的不懂事道歉，而祖母只是微笑不說話。感動想哭的主角只好低頭猛吃飯掩飾，將桌上的魚吃得乾乾淨淨，只剩一條魚骨，一如祖母從小的教導。乾淨的魚骨就是本故事中的祖孫親情象徵。

從這兩個範例可以發現，**感動的製造是有固定技巧的。在故事中常常是「不說白」的比較美，運用象徵物就是讓情意不要說白，體現不說破的美好。**留學女孩出國前，不用大喊爸媽我愛你，只要靜靜吃著母親為她準備的、她最愛的可樂餅，說聲：「很好吃喔。」一家人的深厚情感已經不言而喻。吃魚男孩道歉後，祖母不必回應，男孩也不必說祖母我愛你，只要低頭將魚吃成從小祖母教的乾淨樣子。祖孫多年的情感也濃縮在一盤乾淨的魚骨中。

在故事草稿完成後，可以嘗試將裡面放入一個象徵物，並依照下列設計法：

1.「第一次出現」輕描淡寫露出象徵物，成為伏筆；
2.「中間的鋪墊」放入更多有情感的具體事件；
3.「第二次感念」讓象徵物再次出現，且此物件能看出某人情意，用物件代替說白。

這樣可以讓故事中的情感透過物件來傳達，讓故事具備一些美感喔。再幫你複習一下本篇優化故事的情感魔法：

1. 在素材中搜集離別、悔憾、逞強這三個哭泣元素運用
2. 故事主打一個情感類型，再與哭泣三元素結合（建議優先使用親情）
3. 讓商品成為情感象徵，設計兩次出現、中間鋪墊

故事中的情感要動人，關鍵還是在「好的素材」與「挖掘細節」。以下是一句老話，但還是想提醒你：**別忘了對身邊家人、朋友、同事甚至顧客的關注，故事情感永遠藏在這裡面。**

14 故事優化六字魔法口訣(三)：簡單

將難懂的資訊用一個「熟悉的事物」來類比簡化

好故事應該讓多數人可以輕易理解，不好懂的故事又怎麼能有感且傳播呢？當我們進行故事修稿時，一大要務就是務必要將故事簡單化。

基礎作法：簡化資訊

蘋果電腦創辦人賈伯斯當年在發表 iPod（音樂 MP3 隨身聽）這項新商品時，他是怎麼介紹 iPod 的呢？

我先舉兩項 iPod 的規格數據：「容量五 GB」「重量六・五盎斯」。現在你對 iPod 這項可以隨身聽音樂的新商品有多少程度的暸解了呢？應該還是相當模糊，不會留下什麼印象對吧！

容量五 GB 其實真的不算太多，不能裝多少檔案。重量六．五盎斯（約一八四公克）雖然不重，但到底是一個怎麼樣的概念，好像一般人也說不太清楚。

因此賈伯斯當然不可能用硬梆梆的數據來介紹 iPod，他只主打一句話：

「iPod 就是口袋裡的一千首歌。」

你不用在意它多大、多重，你只需要知道 iPod 可以讓你將一千首歌放進你的牛仔褲口袋，輕鬆帶著走。經過賈伯斯這樣一定義，登愣！一個劃時代的熱銷商品又誕生了。

在說故事的時候，要格外注意術語的生活化，遇到數據、專有名詞、生硬介紹的時候，可以思考一個句型：

〇〇〇就是／等於 ×××

我再示範一次。你聽過「大腦前額葉皮質」嗎？你知道它有什麼重要功能嗎？我們都不是腦專家，應該都不太熟悉，沒關係，我試著向你解釋一下。

大腦的前額葉皮質，主要是負責人類的邏輯思考，這包括行動前的規劃、思量行動的後果，及管理情緒的衝動。前額葉皮質是大腦中發展最慢、成熟最晚的額葉，對青少年來說，這個自我監督中樞依舊在發展當中，所以會讓理性思考及抑制衝動的功能不夠靈光，無法發揮足夠的功用。

相信經過我這麼一解釋，你應該對「大腦前額葉皮質」有足夠的認識，能記得一輩子了吧？嗯……才怪！你一定過五分鐘就忘了我剛剛講的話。這時候就是運用「〇〇〇就是/等於×××」這句型的時候了。我可以這樣簡化解釋：

大腦如果是汽車，前額葉就是它的煞車系統。然而前額葉還沒成熟的青少年，就像是馬力十足的法拉利，卻只搭配了腳踏車的煞車系統。

這樣簡化之後，是不是對前額葉的功能與印象就深刻多了呢？

這招其實就是「譬喻法」，將難懂的資訊用一個「熟悉的事物」來類比簡化。

讓人人都能輕鬆有個大概的瞭解。

越是專業的人士，越常會把你們每天接觸的專業知識，誤判成生活常識隨口講述。除了使用「譬喻」，還可以將專業知識改用「生活情境」呈現。

我舉一個工作上的例子，我有時會輔導一些專家發展個人品牌，這免不了要請專家寫一些文章，其中一位食安專家就在他的文章中這樣寫：

「……像是常見的李斯特菌。」

當我看到這句的時候，第一想法是，李斯特不是音樂家嗎？怎麼變成菌了？而且文章中說李斯特菌是「常見」的，但我一點感覺都沒有啊。因此在討論瞭解後，這句被修改為：

「……像是常見於便當的李斯特菌。」

在最簡易的方式下，我們盡量做到讓陌生詞彙可以化作生活情境，讓讀者知道說這個菌很常出現在我們久放的便當之中，讓理解上更生動一些。同一篇文章又有一句是這樣寫的：

「……（某菌）在食物中繁殖達到一百萬個就會引起下痢。」

一百萬個菌雖然聽起來很多，但卻讓人難以想像與生活的關聯，不好理解。最後這句被改成：

「……（某菌）在常溫下繁殖兩小時就會引起下痢。」

將「一百萬個」改為「放在常溫兩小時」，就變成連婆婆媽媽都能懂的生活情境，內容也不會艱澀難讀了。

進階作法：修裁情節

故事寫完難免要經過一些修潤，除了字句修得貼切、文法修得通順，常被忽略的一點就是「情節的修裁」。

必須先有一個觀念，不是所有的情節都需要寫進故事中。有時商品或品牌故事是經過採訪當事人寫下的，又或者是筆者親自寫自己的故事。

這時可能會有不少情節可以寫入，必須做素材的取捨。在編寫故事的時候，我們要思考什麼情節對於故事觀感是加分的，什麼是扣分的？

舉一個好懂的例子，我曾經聽一個上班族朋友得意地說，他半年前買了一檔股票，已經幫他賺了兩萬元，他靠投資自己幫自己加薪了！這聽起來還不錯對吧？

但接著我問他：「你的報酬率是多少呢？（賺了幾個百分點）」他一番迂迴後，才支支吾吾地說賺了大約百分之二。我們思考一下這兩個說法：

A. 我買的股票幫我賺了兩萬元。

B. 我買的股票漲了百分之二。

如果是為了炫耀，站在直覺好懂的立場，講「兩萬元」似乎是恰當的選擇。如果將「百分之二」也講出來，似乎就沒有那麼厲害了，也有損想要炫耀的感覺。

當我們設定了目的是「炫耀」，就可以判斷什麼資訊是有利於目的、什麼是不利於目的。這就是修裁情節的任務，剪掉有損目的的雜訊，留下能達成目的的資訊。

當故事草稿完成後，別忘了重新聚焦你寫這篇故事的目的是什麼？接著將情節拆成一段一段思考，這一段情節有助於達成目的嗎？這一段情節保留的目的是什麼呢？

我們看一段品牌故事範例：

雲林蜂農老李，二十年來固定凌晨早上五點起床，第一件事就是去巡視自己的蜂箱，二十年如一日，養蜂人沒有週休二日，因為蜜蜂也不會休假……養蜂最怕遇到乾旱，龍眼花不開，蜂採不到蜜，一整年的用心就會血本無歸……雄蜂不參與生產工作，且消耗飼料又多，一般養蜂人家是不歡迎的……最後，老李靦腆笑說，他只知道用心做好蜂蜜，一輩子只懂這件事。

假設這段文字是我們要修改的故事，首先我們要思考，寫這篇故事的目的是什麼？希望達到什麼效果？如果我們設定是為了「讓讀者對品牌留下好印象」。接著我們一段段來拆解資訊，思考有沒有達成這個目的，可以分成以下四段：

1. 老李二十年來固定凌晨早上五點起床……因為蜜蜂也不會休假
2. 養蜂最怕遇到乾旱……一整年的用心就會血本無歸
3. 雄蜂不參與生產工作……一般養蜂人家是不歡迎的
4. 最後老李靦腆笑說……一輩子只懂這件事

第一段呈現了蜂農的勤苦與用心，能增加品牌好感。

第二段講述了飼養的辛苦，產出的困難，讓產品更顯珍貴，也能增加品牌好感。

第三段是雄蜂資訊，雖然有讓讀者知道蜜蜂的知識，卻與品牌好感無關。

第四段呈現蜂農的老實與信念，也成為品牌精神，也能增加品牌好感。

在修裁情節的時候，第三段就是可以刪除的情節。將它留下雖然沒有什麼危害，但對讀者觀眾有限的注意力來說，放了一個沒有加分的資訊，佔用了珍貴的注意力與版面，就是一種浪費。

懂得將不重要的資訊拿掉，重要的資訊才會被突顯。勇敢刪掉已經寫上去的內容，就是修裁的任務。最後幫你複習一下簡單的優化魔法：

1. 將術語譬喻，〇〇〇就是／等於×××
2. 將抽象難懂的說明改為生活情境呈現
3. 將無助於達成作品目的的情節刪去

「作品目的」也可以推展到全文的修潤，思考怎麼樣的用字遣詞可以幫助我們達成目的？只要將「作品目的」放在心中，連字、詞、句的修潤取捨也會變得明確喔！

15 故事優化六字魔法口訣㈣：意外

先震撼、再記憶，進而傳播

意外是故事裡的一顆炸彈。

如果你成功讓讀者出乎意料，卻又在情理之內，他們會驚訝、驚喜、驚嘆，然後下一個自然反應是「留下強烈印象」。

你應該也有經驗，在一部電影看完之後，可能過了幾年，你對於劇中的劇情大多淡忘，但你卻還能清楚說出結尾的「哏或爆點」。

這不是因為你有什麼特異功能，只因為**人腦會自動淡忘無聊的事，節省資源，選擇記住有意思的事，所以「驚人的轉折」總是容易被人記住。**

我講一個自己的經驗：

我小時候回老家過年，大約是小三或小四的年紀，那時剛好待到元宵節，附近的大廟舉辦了猜燈謎活動，我也參加了。

所有題目我都忘了，有一題我卻一直記著，題目是：一點一橫長，一撇到南洋；南洋有個人，只有一寸長。（猜一字）

看完題目你知道答案了嗎？可能你心中已經浮現那個字了。當年的我也是。聽到第三句我就知道了答案——是「府」。我立刻搶先舉手，怕被人搶答。念題目的阿姨目測超過五十歲，身分應該是廟宇的志工。我被點到之後，充滿自信地說出：「府！」但沒想到阿姨看了看手中的答案，再看看我，對著我說：「錯！」我愣住了，因為答案明明就是「府」啊，難道還有其他可能？你現在也跟我一樣驚訝嗎？你的答案是不是也跟我一樣被打槍了呢？

靜思幾秒後，我猜可能是我剛剛沒說清楚讓她誤會了，我再度舉手，答案沒變：「府！政府的府。」希望這次能讓她聽懂。

她還是看了看我，大喊一聲：「錯！」

這個問題最後沒人答得出來，就流掉了。整個活動進行完，等到阿姨下台，我馬上去找她，希望她給我看答案。

她勉為其難地從一疊紙卡中翻出那個題目，我定眼一看，解答兩個字下寫著：

「廟」。

廟？怎麼想都不可能是廟啊！廟我知道啊，是府的變化題，題目我還會背哩：「一點一橫長，一撇到南洋；十字對十字，太陽對月亮。」這才是廟啊！

究竟為什麼是「廟」而不是「府」呢？這至今是我生命中難解的謎團，跨越了二十年還牢記在我的腦海。

這就是意外，即便我沒有刻意記它，但對我當時的震撼太強了，讓我想忘也忘不了。

更重要的是，我還把這事說出來讓你知道，我去講課也會一時興起又拿出來講，不斷不斷傳播這件事。

這便是意外的功效：「先震撼、再記憶，進而傳播」。但要怎麼做到呢？我可以歸納一個公式：

意外＝誤導＋轉彎

故事中我們要先設計「誤導階段」，最後再端出「轉彎階段」。用剛剛的猜謎經歷來說：

誤導階段：題目讓讀者聯想到「府」。

轉彎階段：最後答案公佈卻是「廟」。

放在長篇故事中也是同樣的設計，我們以《哈利波特》第一集為例：

誤導階段：讓讀者認定石內卜是大壞蛋一直危害哈利。

轉彎階段：石內卜看似攻擊的行為其實是在保護哈利，壞蛋另有其人。

像這類「誤導＋轉彎」的設計，心法都是「**欲左先往右**」。創作者明明知道答案或真相是什麼，在故事前期卻故意往相反方向設計。

當轉彎後的真相與前期的誤導形成落差，故事張力也會增強。例如：

誤導階段：從小到大，我的阿爸一直不喜歡我，我一做錯事總是狠狠打我。

轉彎階段：長大後我才知道，他也不知道怎麼當一個好爸爸，他只會用笨拙的方式表達對我的關心，把我教成一個堂堂正正的人。

因此在故事素材的搜集上，你可以問問故事中的當事人，有沒有曾經誤會別人？或被別人誤會的經驗？**誤會本身就是「誤導＋轉彎」的集合。**從意外還可以連結到一個公式：

驚喜＝熟悉＋意外

當我們從熟悉的事物身上發現它意想不到的面向，我們會格外覺得有趣。

我舉個例子，你知道第一個登上月球的太空人是誰嗎？很多人都會說出「阿姆斯壯」。好，那請問你知道第二個登上月球的太空人是誰嗎？這時大多數的人就被難倒了，沒有人會記得誰是第二名。

我先公佈答案，第二位登月的太空人叫「巴斯．艾德林」，他當時就跟阿姆斯壯在同一艘登月小艇上，他只是比阿姆斯壯晚一步踏出小艇，從此就不被後人記憶。

但相較於阿姆斯壯退休後的低調生活，巴斯結束登月之後依然熱衷推廣太空科普教育，八十六歲時還成功勇闖南極，生活更是多采多姿。

而動畫電影《玩具總動員》更是為了向這位偉大的太空人致敬，將故事中主角之一命名為「巴斯光年」。

當我們熟悉的《玩具總動員》的巴斯光年，出現了一個意外的新面向，它是來自第二個登月的太空人的名字「巴斯」，從此你是不是也會記住這段有趣的典故呢？

我自己還有一次經驗，那時要訪談一位身為身障人士的劉大潭董事長。在講座上，我先問聽眾，有沒有看過「高空緩降機」？大多數的民眾都會點頭。

我再接著說，這個幾乎所有大樓都會配備的高空緩降機，就是劉大潭董事長三十年前看到八位大學生在火災中罹難而發明出來的，現在已經是國際上普及的逃生設備。

這時會場響起熱烈掌聲，為劉大潭董事長鼓掌，聽眾也才驚覺這個一直誤以為是外國人發明的救命設備，原來是台灣身障人士的發明！

這一段開場白，同樣是運用了「熟悉＋意外」的方法。相信聽眾多年後可能不記得講座的細節，但會牢牢記住這位偉大的身障發明家。

還有更簡潔有力的作法，我曾遇過一位房仲業務員，他介紹完自己的名字後就問我：「你知道○○○嗎？」他說了某個台灣一線電視主持人的名字，幾乎人人都認識，我當然也不例外。他接著說：「他的房子之前也是委託我幫他服務的！」我也聽過不少業務人員的自介，這位肯定是用最短秒數讓我印象最深刻的。他其實也是用了「熟悉」的藝人來搭橋，讓我為他的服務經歷感到「意外」，不知不覺就記住了他本人。

在修潤故事的時候，可以想一想，**你的商品或品牌故事有什麼不為人知的事蹟嗎？有什麼事蹟是可能找到「熟悉人事物」來搭橋的嗎？**

當你的故事也能塞入一個意外，只要能多讓一個人記住你的故事，他就可能在某一天一時興起，說給身邊的人聽。本篇的重點就是這兩句公式：

1. 意外＝誤導＋轉彎。以「欲左先往右」設計，才會出現落差。
2. 驚喜＝熟悉＋意外。由熟悉事物搭橋，發掘熟悉事物的新面向。

意外就是口碑行銷最強的武器，幫你的故事口耳相傳。在社群分享的時代，甚至能引發一次傳播爆炸！

這就是為什麼，你的故事最好至少安插一個意外！

16 故事優化六字魔法口訣㈤：機制

看穿成功故事是由哪些要素組成，依樣套用，打造自己的成功故事

一開始看到「機制」，許多人都會一頭霧水，**「機制」是指特定現象的內在組織和運行的變化規律。**你可曾想過，為什麼有的故事就是可以吸引人呢？為什麼有些好萊塢知名電影公司不管拍什麼題材幾乎都可以賣出高票房呢？

一次的成功我們可以歸功於幸運，但如果十次出手有九次成功，背後肯定就有藏有技術了！

同理，多數成功的知名故事，背後肯定有什麼模式在默默運作，它們都共同做對了某些事。反過來說，如果我們可以看穿成功故事是由哪些要素組成，我們就可以依樣套用，打造自己的成功故事。

還記得在第十章〈總結故事流程〉中的「常境變」時（第一百二十頁），我請

你先跳過的「反常」就是在這裡補上。以下整理了十個故事吸引人的方法，每一個機制都會提供一個真實案例或標題與思考方向，協助你打造故事的反常開頭。

運用這十個機制，連標題都能變得超吸睛。提醒你，下文稱呼的「故事主角」，可以是真人、也可以是商品或品牌喔。

一、兩難：無法抉擇的艱難選擇

「如果生下孩子的代價，是必須永遠失明，你願意嗎？」

這是我在採訪工作中真實遇到的案例，我採訪的那位視障音樂家李欣怡，當年就是因為懷孕必須停用治療青光眼的藥物，醫生有警告她停藥這麼長時間，會導致永久失明，但她還是毅然決然決定生下孩子。

「兩難法」就是先點出當事人面臨難以抉擇的選擇，帶動讀者觀眾思考該怎麼選，將他們拉入故事中。

思考方向：在故事中主角有面臨什麼左右為難的選擇嗎？

二、矛盾：自身的生理／心理存在阻礙

「雙手殘障小一女，勇奪全美字跡最優獎」

這是一則真實新聞標題，寫字最美的字跡獎，我們都認為需要一雙靈巧的雙手才能辦到，但故事中的小學一年級女孩卻偏偏沒有雙手。讓這個標題一看就充滿衝突。

「矛盾法」是某人必須做什麼事，但他身上卻有著做這件事最大的阻礙，阻礙可能是心理或生理的。例如：蜂農偏偏最怕蜜蜂、科技商品創辦人最初是個電腦白痴、服務業老闆曾是個火爆浪子、知名作家卻是理工科系出身。

思考方向：與故事主角現在的身份，最矛盾的情況、條件、身份是什麼？

三、突兀：與環境（社會、團體）不相容

「夜市擺攤嚐冷暖，刻苦讀書上醫科」

這類標題應該不少見，每次大考放榜，記者最喜歡去找清寒家庭的狀元採訪，因為他們身上自帶故事因子。在最艱苦的環境中，卻得出最不相符的傑出成果，既吸睛又勵志。

「突兀法」跟「矛盾法」同樣是某人擁有一個巨大阻礙，只是「矛盾法」的阻礙來自主角自身，而「突兀法」卻來自外在環境、團體或社會不相容。在眾人之中唯獨你最奇怪、格格不入。像是：NBA 中的華裔選手、從事傳統農業的博士生、只接受宅配預訂，不在市場銷售的釋迦。

思考方向：與故事主角現在的情況，最突兀的環境條件、社會氛圍是什麼？

四、悲劇：情況艱鉅、瀕臨絕境

「蕭薔喪母之後又『喪子』，親自 CPR 無效」

看新聞最常讓人不捨的就是一些「社會慘劇」。這則蕭薔的新聞，光看標題會覺得「天啊！也太可憐了吧。」令人忍不住想瞭解詳情，但點入新聞看完才知道，原來所謂的「喪子」指的是蕭薔養的狗啊！

「悲劇法」就是在第八章〈發展故事情節〉中也有提到的「困境」的強化版，引發讀者同理心，讓讀者對主角產生情感連結。在故事開頭就可以直接點出主角最讓人同情的慘況。例如：主角曾經欠債千萬想輕生、主角大學慘遭學校退學、主角當年被論及婚嫁的男友背叛。當然，故事的最後則是主角走出困境後的現況囉！

思考方向：故事主角生命中最重大的打擊是什麼？最低潮的時刻是什麼？

五、借用：普遍能產生想像的稱號

「嫩版侯佩岑太正，網友：想抱緊處理」

當年林志玲正紅的時候，滿街都是□□版林志玲，有外拍林志玲、聲樂林志玲、夜市林志玲等等。就算我們不知道當事人的長相，但已經先引起了一個概略的想像，而且是一個正面有好感的想像。

「借用法」同樣就是借「熟悉物」搭橋，快速引起好奇。比起說用一堆形容說女生多美多漂亮，借用一個知名美女的形象能更快速拉近距離。例如：我希望成為農業界的賈伯斯、該品牌被譽為台灣的可口可樂、我要打造餐飲界的 LV、這是紅豆餅界的勞斯萊斯。

思考方向：故事主角與哪個名人、名牌的信念、價值觀最契合？

六、切身：切身相關的資訊話題

「看完這本書，台灣又多了三十六個人罹患癌症」

國民健康署每年會公布「癌症時鐘」，最新資料為四分五十八秒，表示在台灣每五分鐘就有一個人罹患癌症，這個數字最可怕之處在於，它跟你我有關，你我將來都有機會變成下一個，這也是為什麼社群上疾病相關資訊最容易瘋傳。同樣的道理，你有沒有在臉書上玩過心理測驗，像是：「測測看你是迪士尼的哪位公主？」明明你也沒有很想當公主，但就是會忍不住手癢玩一下。

「切身法」就是利用人往往最在意跟自己有關的事物，一旦看到內容可能跟自己有關，就會有更大的興趣瞭解。比如：火象星座一定要準備的退火茶、男人應該要有的行車新觀念、每三個人就有一個人犯這個錯、每兩天就有一個人因此□□。要用這招應該盡量鎖定人數多的族群，而非小眾。

思考方向：故事主角的特性可否與某多數群眾牽連？

七、奇觀：前所未見或唯一第一

「最大粽子創金氏紀錄，萬人吃粽慶祝」

你就算不吃粽子，也一定看過粽子吧！但是你看過全世界最大的粽子嗎？光是這一個「全世界最〇〇」就足以勾起你的好奇心了吧！

「奇觀法」就是運用「罕見」的特點，「最什麼、第一什麼、唯一什麼、前所未見、從來沒有人」等說法來吸引目光與好奇。比如：他是二十年來第一人、從來沒看過車子可以這樣開、網路團購第一名的奶凍捲、前所未見的掃地機器人。

如果擔心自己商品沒有罕見特點，可以嘗試「縮小範圍」或「小處稱王」。像如果不敢自稱是「台灣最值得一遊的觀光果園」可以縮小範圍成「苗栗最值得一遊的觀光草莓園」，也可以說是「台灣唯一首創草莓便當的觀光果園」以小地方取勝。

思考方向：故事主角是否能找出是前所未見、世上僅有的特點？

八、誇張：誇大形容或情緒、放大後果

「流淚吐司，好吃到會流眼淚」

浮誇的說法雖然不至於讓人信以為真，我們不可能相信吃了這個吐司就會感動流淚，但會讓讀者產生一種「太誇張了吧，我看看」的心態，忍不住想瞭解情況。「誇張法」分為「誇大情況」與「誇大情緒」兩種。誇大情況像是：這政策一過台灣完蛋了、如果沒吃過保證會後悔、這比洗碗精還好用一百倍、用這麥克風唱歌比張惠妹還好聽。

另一種誇大情緒則是殺人標題常見的：十三億人都驚呆了、一句話讓媽媽淚崩了、一個動作讓所有人閉嘴了，強調情緒上有多震驚。

九、留白：不把話說完或遮蔽關鍵資訊

「天氣太熱，竟讓被撞凹的車子變這樣」

新聞上最愛使用「變這樣」「沒想到」「竟然是」等等留白標題，故意只起一個話頭，但最關鍵的卻不說，讓人點入看文章。這個新聞只是在說板金凹陷的車子，因為熱脹冷縮的原理，讓凹陷處脹回原樣。你點進去看完後只會覺得「又沒怎樣，無聊」，但對方還是成功拐到你了。

「留白法」通常是兩種做法「遮蔽結果」或「遮蔽過程」。遮蔽結果像是：連李安都佩服這個人、面對醜聞李洛克神回三個字、用了A牌卸妝水竟讓皮膚變這樣。

另一種遮蔽過程如果要使用，通常是開頭與結果是有「巨大落差」，讓人好奇中間發生了什麼事，例如：車停路邊二十分鐘代價五萬、當年女神現在淪為打工仔、從月薪五千到營收千萬。

思考方向：故事主角最震驚的結果或關鍵的轉折遮蔽先不講可以怎麼寫呢？

十、揭秘：不為人知的秘密公開

「獨家告解：李洛克懺悔痛哭『我錯了』離婚逆轉關鍵曝光」

以上當然不是真的，我只是將原標題改成我的名字，這是一個真實藝人的新聞。老實說這藝人已經淡出螢光幕很久了，我對他也沒有喜歡過，但是一看到這種標題，還是會忍不住想看一下。沒辦法！誰叫探聽八卦與隱私是民眾的小樂趣，這種窺視感也容易引起好奇心。

「揭秘法」只要是不為人知的事都可以運用，常用詞彙有：告解懺悔、醜聞、秘密、爆料揭發、揭秘曝光等。例如：前營運長現身爆料、川普醜聞情報、劉德華妻懷孕消息曝光。

當然也可能是正向的好事卻不為人知，例如「花八元買六福村股票竟可每年免費玩一次」這就是不為人知的好消息，有新聞報導過每年六福村的股東大會當天就可以免費進場一次。

思考方向：故事主角有無不為人知的事蹟可以揭秘運用？

在寫完故事草稿後，可以再用這十個機制來幫助你下標題以及改寫故事的第一段，最起碼要讓讀者觀眾產生好奇心想看下去，故事才算成功了一半。

還記得我說在第一篇〈故事行銷到底在做什麼〉就有說過，做故事行銷的目的是要附加正向心理價值。

刻意將每個機制都舉一個標題當範例，就是要讓你知道，只要這十個機制用得好，就算沒有篇幅寫太長的故事，光寫一句話都足以吸引讀者，用一句話就可能讓讀者對你或你的商品產生正向的想法或情感，這就是一種故事行銷。

不說故事的故事行銷，在第十八章〈不說故事的魔法〉會再更深入地為你介紹。

17 故事優化六字魔法口訣㈥：金句

金句本身是有一個理念的。最好是商品發明的初衷、品牌理念、創辦人的精神

在第九章〈發動故事情感〉有提到故事最後應該加入一個「行動呼籲」拉高讀者的行動意願。同樣如果我們最後可以用一句「金句」總結整個故事，也可以讓故事更顯得崇高與有意義。

這時有些人會好奇金句跟Slogan是一樣的東西嗎？我直接拿案例來說，你覺得「有7-11真好」或「就是要海尼根」是金句嗎？

這類Slogan都是被電視大量放送而產生印象，並不是它們本身多出眾。我現在改用沒聽過的新品牌改寫變成：「有小熊屋真好」或「就是要彩虹屋」。這兩句話你應該一點感覺都沒有，也不具任何意義。

因此，**金句本身是有一個理念的。最好的金句來源就是商品發明的初衷、品牌**

理念、創辦人的精神，你想要靠商品對抗（改善、扭轉）什麼？金句可以說是你向大眾宣告的理念誓言。以下是真實產品和品牌的理念：

- 簡報工具書：立志消滅世界上所有醜簡報
- 消毒液品牌：給孩子探索世界的自信
- 布丁品牌：製作每一個令人感動的甜點
- 連鎖傢俱品牌：為大多數人創造更美好的生活
- 連鎖咖啡品牌：透過每一杯咖啡的傳遞，啟發並滋潤人們的心靈

我甚至可以這樣定義，**金句應該讓民眾看到會有些佩服感動，而不是靠大量洗腦或編成一首歌，這才算是成功的金句。**

創作金句就像是寫詩一樣，很難有保證可行的公式，但我可以向你分享我自己歸納的「金句對對對」法則。

一、金句要對比

當一個句子中出現兩個相對的字句詞彙，甚至帶有一些矛盾衝突，會讓人覺得句子充滿張力。許多名人語錄或俗話能讓我們朗朗上口，其實都是用了這個技巧，例如：

1. 孟子：生於憂患，死於安樂。（生與死對比、憂患與安樂對比。）
2. 《三國演義》第八五回：勿以惡小而為之，勿以善小而不為。（惡與善對比、為之與不為對比。）
3. 德蕾莎修女：如果你批評人，你就沒有時間付出愛。（批評人與付出愛對比。）
4. 愛因斯坦：常識就是人到十八歲為止所累積的各種偏見。（常識與偏見對比。）

在設計技巧上，我們可以先抓兩個對比的其中一端。**最公式化的作法就是一端設定正面、一端設計負面。**

正面詞：商品能帶來的好結果或感受。
負面詞：商品想遠離的壞結果或感受。

假設我們要寫一個甜點的金句，我們先想正面詞，吃甜點可以帶來什麼好結果或感受呢？吃甜點就會覺得很甜蜜、很開心、臉上會有笑容。

得出了正面詞，這時再由正面去想相反的負面。甜蜜、開心、有笑容的反義詞是什麼呢？應該是苦澀、難過、愁眉。

最後我們嘗試將正面詞與負面詞組成一個句子，可以這樣寫：

- 別在意這一時的苦澀，請記住這一口的甜蜜！
- 苦澀，是我們成長回憶中必備的甜蜜！
- 就算生活有再多的苦，也要享受這一口的甜！

先想負面詞再找出反義的正面詞一樣可以這樣操作。當年一個紅遍港台的精品錶廣告，就是善用了對比法：

不在乎天長地久，只在乎曾經擁有。

以上這句金句，不只用上了對比法，還加入了下一個要講的「對抗法」讓張力再提高一階。

二、金句要對抗

你有沒有好奇過，為什麼有些句子短短的，但讀完就是有一點點感動。不是因為句子裡面加了洋蔥，而是句子裡面加入了「悲壯」。

但要怎麼加入悲壯呢？一旦我們嘗試要去對抗強大的、多數的、不可逆的對象，甚至願意為此犧牲、付出代價，我們身上的壯士感就浮現了。同樣，我們可以看一些知名金句範例：

1.孟子：雖千萬人吾往矣。（以自身一人對抗千萬人）

2.派屈克．亨利：不自由，毋寧死。（為了自由犧牲生命。）

3.孔子：朝聞道，夕死可矣。（為了真理犧牲生命。）

4.伏爾泰：我不同意你的觀點，但我誓死捍衛你說話的權利。（為了言論自由犧牲生命，且「不同意」與「誓死捍衛」也是對比。）

5.村上春樹：在高大堅硬的牆和雞蛋之間，我永遠站在雞蛋那方。（以雞蛋對抗高牆，且雞蛋易碎暗示犧牲生命，「雞蛋」與「高牆」也是對比。）

你應該也發現了，好像金句只要牽涉到「犧牲生命」就立刻變得偉大，這也沒辦法，對一般人來說，最重要的就是生命了，當我連生命都可以不要，也要做到某件事，這件事自然會被放得無限重大。

對抗設計上可以有兩個技巧：

加入「代價」詞彙：誓死、拼命、發誓、寧可、只為了、比不上

加入「一人」與多數詞彙，像全世界、所有人、一輩子、一切、這一生

將這兩個技巧與「對比法」兼用，可以大量創造氣勢感人金句。

- 這一生，只為了種好一顆蘋果。
- 我們拼上了命，只為了守護您的權益。

• 寧可被全世界嘲笑，也要換你一個微笑。
• 就算擁有一切，也比不上有家人陪在身邊。

以上建議詞彙是為了讓你方便套用，但只要能達成「悲壯感」，並不是只能用這些詞彙。回頭看看那句「不在乎天長地久，只在乎曾經擁有」是不是也有種「只求朝夕，不求永久」的悲壯感呢？

「金句對對對」還有最後一個「對」，它其實前面已經出現好多次了。

三、金句要對句

只要讓兩個句子字數相同，讀來自然會有一種節奏感。如果可以盡量讓句子內的詞性也相同，或者使用類似字詞，甚至壓個韻，讀起來會更工整好記。例如：心存善念，盡力而為。這是台北市長柯文哲的口頭禪，雖然兩句沒有使用相同詞性、類似字詞、押韻，但因為字數相同，讀起來還是覺得節奏明快。

中國辯論節目《奇葩說》裡的辯手，也常常在演說中加入成對的句子，唸起來氣勢奔放，強化聽眾記憶點。

1.別人的美總能習慣，自己的美千金難換。（別人的美與自己的美形成類似字詞，「慣」與「換」押韻。）

2.鑽石的切面越多，它越閃耀；一個人的興趣越多，他越精彩。（句型結構相似，且使用「越多……越……」的相同字。）

3.寧可錯愛千百人，不願錯過那一人。（本句使用了同字數、類似字詞、押韻，也兼有對比與對抗感。）

相較於對比與對抗，對句明顯簡單多了。光是最基本讓字數相同就很好用，如果能壓韻會更好記，這也是很多 Slogan 的設計手法，例如：

1.遠傳電信：只有遠傳，沒有距離。（同字數，以「有」當相同字。）

2.華碩電腦：華碩品質，堅若磐石。（同字數，並押韻。）

3.雅虎拍賣：什麼都有，什麼都賣，什麼都不奇怪。（「什麼都」相同字，並押韻。）

4.保肝丸：肝哪沒好，人生是黑白；肝哪顧好，人生是彩色。（句型結構相同，

「肝哪……好」與「人生是」相同字，「黑白」與「彩色」對比。）

如果真的不知道怎麼設計，**最簡單的做法就是同字數＋用相同的字＋押韻**，就可以打造朗朗上口的對句囉！

打造金句的確是一個艱難的任務，它最大的困難點在於產品或品牌必須真的有一份真誠的理念想說。可以先寫下最簡短的產品理念或品牌精神，再由簡短字句慢慢刪減，經過對比、對抗、對句的設計，化作一句金句，為故事打造一個濃縮宣告。

簡短理念：

我們的甜點希望讓每一個吃到的民眾都可以感受到幸福，讓嘴裡的甜蜜暫時忘卻生活中的煩惱。

對對對修改：

無論生活有再多的苦，也要享受這一口的甜！

寫金句的訣竅就是「由多刪少」，所以先大膽寫出來才能慢慢改出成果。任何的寫作無論文案、故事、文章都是如此，再爛的初稿也永遠比白紙來得強。

最後要注意，金句往往是故事感悟的結晶，如果故事內容寫得很爛，不具體、不感動、也不好懂，金句的力量就會大打折扣。再設計金句之前，別忘了先做好前面的諸般工作喔！

故事優化六字口訣「劇情簡易基金」終於說完，我再幫你複習一次重點：

1.具體：將形容改成具體動作、放入具有衝突的原句、讓物件暗示潛在資訊。

2.情感：使用哭泣三元素搭配情感類型、用「兩次出現＋鋪墊」創造象徵物。

3.簡單：用譬喻簡化資訊或化成生活情境、修裁沒有加分的情節。

4.意外：刻意誤導再急轉彎創造意外、熟悉事物加上意外創造驚喜。

5.機制：套用十項反常機制，改寫標題或首段引發好奇。兩難／矛盾／突兀／悲劇／借用／切身／奇觀／誇張／留白／揭秘，打造開頭。

6.金句：對比詞製造衝突、對抗與犧牲製造悲壯、相同字押韻製造節奏。

以上這六點，每一點都需要花時間思考。當你在修改草稿時，正猶豫要改或是不改、要加還是不加、要刪還是不刪時，請記住我們寫這故事做行銷的任務是什麼？**我們要透過故事，為商品附加正向心理價值。**所有猶豫的最終考量永遠都是，這個改動能不能增加正向心理價值？這就是唯一的準則。

18 不說故事的魔法

借標籤、貼標籤，是最好的做法

還記得我在第一章〈故事行銷到底在做什麼？〉中提了一個問題，「不說故事」怎麼做故事行銷？現在我就告訴你這個最實用也最好用的作法：「**借標籤、貼標籤**」。請你先讀這句話：

我的朋友最愛喝星巴克。

現在，請你告訴我，你覺得我的朋友是一個怎麼樣的人？他的個性怎麼樣？他的收入怎麼樣？他的學歷怎麼樣？他的工作是什麼？他的興趣是什麼？

這個實驗我做過很多次，得出來的朋友形象非常雷同，有人說比較有品味、重視生活，是辦公室的白領上班族，收入應該不錯，平時喜歡逛逛誠品書店。

其實會得出這樣的形象是非常正常的，如果你心中的答案跟前面的形象有很大的落差，那表示星巴克沒有成功洗腦你，以上就是星巴克設定的主力受眾，所以整個品牌形象都會往這個受眾靠近。

光是一句「我的朋友最愛喝星巴克。」我已經為我的朋友完成了一次迷你故事行銷，從星巴克借標籤，貼在我的朋友身上，為我的朋友附加了心理價值。

二〇〇九年英國奧美集團副總監羅瑞・蘇瑟蘭，在當年的 Ted 演說中，也舉了兩個很棒的借標籤的例子。我先講第一個故事：

十八世紀普魯士的腓特烈大帝遇到了一個大難題，那就是國內飢荒問題嚴重，小麥常常欠收。腓特烈大帝想要推廣民眾栽種另一種主食——馬鈴薯，當時還沒有吃馬鈴薯的習慣，所以民眾卻一點也不領情，還稱馬鈴薯是連狗都不吃的東西。

無論腓特烈大帝怎麼下令，民眾就是不吃，寧可違法也不種。腓特烈大帝還因此砍了幾個抗命者的頭，但依然無法改變情勢，越是嚴令，民眾越是反彈。

最後腓特烈大帝靈機一動，決定逆向操作，他改為宣布「全國禁種馬鈴薯，馬鈴薯是皇家專屬食物」，他還設了一個馬鈴薯農場，並指派軍隊看守農場、保衛馬鈴薯不得流入民間。另一方面腓特烈大帝偷偷告訴軍隊，記得放點水，不要守得太嚴。

當時的民眾雖然對馬鈴薯還不瞭解，但他們卻知道一個真理：「值得看守的東西，一定也值得偷。」就在軍隊的放水下，一個兩個馬鈴薯被偷了出來，偷偷品嚐，民眾這時才發現，天啊！馬鈴薯原來是這麼好吃的東西，難怪會是皇家食物，以前怎麼不覺得！於是民眾開始爭相私種，從此馬鈴薯就在普魯士成功推廣開來，解決了長久的飢荒問題。

腓特烈大帝的作法就是將馬鈴薯戴上了皇冠，為它附加了正向心理價值，所以明明是一樣的東西，民眾才會吃出新的皇家級美味。

說到這，我猜有些人可能想問很久了，我一直在說故事行銷是在為商品附加正向心理價值，那我們可不可以改為附加負面心理價值呢？

當然可以，如果你是要打擊抹黑對手，那就是貼壞標籤的時候了。這也是我要講的第二個故事：

被譽為土耳其之父的凱末爾，也有一則軼事。一九二二年他上任總統，一直希望能提升土耳其婦女地位，他的第一個目標就是讓普遍信奉伊斯蘭教的婦女可以摘下黑面紗。

同樣地，他一開始也是採取法律手段明文禁止女性戴面紗，也同樣沒有顯著的效果。他想了想，既然禁戴沒有用，那就反向操作，逼她們戴好了，但不是所有的女性。凱末爾下令從今日起，所有土耳其「從事特種行業的女子」都要戴上黑面紗識別。

此招一出，不用多久，女性為了避免遭到異樣眼光，紛紛自動自發拿下黑面紗，也成為了凱末爾提升女權的第一步。

凱末爾的做法就是將黑面紗貼上了一個「特種行業」的壞標籤，本來戴頭紗的女性一來怕被人誤會，二來也無形玷污了自身的形象。本來好好的頭紗，自然就越看越不順眼囉！

這兩個案例清楚說明了借標籤、貼標籤的威力，我不用跟你說故事，也可以改變你對事物的觀感。

因此**當你沒有篇幅說故事的時候，借標籤、貼標籤就是你該做的事。**重點來了，一個好的標籤能決定大部分心理價值的成效，我們可以從哪裡借到標籤呢？常見有四大來源：

一、從真人借標籤

你有沒有想過為什麼會有「代言人」這種產物？他們的功用是什麼呢？

當 HTC 手機請五月天代言，它是向五月天借了年輕、追夢、勇敢的標籤。

當宏佳騰機車請周杰倫代言，它是向周杰倫借了又酷又屌的標籤。

當維骨力請吳念真代言，它是向吳念真借了實在、可信賴的標籤。

一些新藝人出道時，也常被貼標籤，像是：小林志玲、女周杰倫、張學友接班人等等，都是向我們熟知的真人借標籤。

二、從名牌借標籤

除了向真人借標籤，我講一個真實的經歷，我常常講課，有時難免聲音沙啞，這時一位朋友是高中老師，他就向我推薦了一款喉糖，還送我一盒試吃，我當時還說：「喉糖？我自己也有在吃啊。」但他卻說：「**這不一樣，這是喉糖界的LV。**」

本來只是一顆平凡的喉糖，吃下之後我彷彿覺得全身都舒暢了起來，只因為它被貼上一個LV的標籤。

無獨有偶，還有一次開課單位幫我準備了便當，還特別悄悄跟我說：「老師，**這家便當有個稱號，叫便當界的勞斯萊斯。**」

我發誓，當天是我人生中最認真的一次端詳一個便當、品嚐其中的滋味。

除了真人之外，在民眾心中有普遍印象的品牌精品都可以借標籤。

三、從古人或角色借標籤

既然非人都可以借了，那古人、戲劇角色只要廣為人知，同樣可以借標籤。

許多補習班都會主打讓你的孩子成為小貝多芬、小愛因斯坦、小牛頓，這也是借標籤。

曾經麥當勞有個平面廣告模仿蝙蝠俠的橋段，電影中想要召喚蝙蝠俠，就必須向天空打一盞有「蝙蝠形狀」的探照燈，蝙蝠俠就會出來擺平壞人。

麥當勞則是將這盞燈的形狀改為自己的「M」字商標，將自己貼上了一個蝙蝠俠的標籤，暗示無論二十四小時麥當勞都會拯救你的肚子餓。

還有一個戒菸的平面廣告，因為菸頭是黑色，菸屁股是白色，他們便用了上萬支香菸來拼出一幅黑白人像畫，這個人像就是「希特勒」。向希特勒借標籤，暗示抽菸會害死很多人。

由此可知，當你想塑造正面形象，就向英雄借標籤，當你想打擊某事物，就將它貼上一個惡名昭彰人物的標籤。另外你有發現嗎？我的臉書粉絲專頁「小說界的李洛克」也是一個標籤喔！

四、從事物普遍印象借標籤

最後一個方便借的標籤，就是一般的事物，只要它帶有特定形象是你想借的，都可以運用。例如你對「搖滾樂」的感覺是什麼？是不是年輕、熱血、刺激、冒險、酷帥，如果你想將某產品貼上這些標籤，你可以這樣說：

可口可樂就是曲線瓶裡的搖滾樂。

之前網路上有張瘋傳的照片，是一個白髮阿嬤在賣橘子，旁邊的紙板上寫的不是價錢，而是：

「甜過初戀。」

初戀的美好總讓人懷念，而這橘子比初戀來甜，這位阿嬤馬上被奉為文案神手，其實她不過是用了借標籤的技巧。

越是抽象難以形容的事物，用借標籤就越好讓民眾快速瞭解，例如選舉時，有兩位候選人同時向「水」借了標籤。一位不斷主打說：

「他只有一瓶礦泉水打選戰。」

除了說自己沒有後援，也暗示他就像礦泉水一樣乾淨、清白、親民。另一位則是喊出一句口號說：「我就像水一樣，雖然無趣，但是有用。」

雖然也借了水「平淡無味」的壞標籤，但反而強化了水的好標籤「實用而且必須」。

而有一位女性市長新科當選人，則在當選後，喊出口號自己將是：「媽媽市長」向「媽媽」這個代表呵護、溫柔、為子女好的形象借了標籤。

當然，無論選舉或者銷售，標籤只是用最短時間加深印象，讓事物的本質有機會被瞭解。借了標籤，別忘了還要說到做到啊！

說故事成為一個大標籤

說了這麼多舉例，你應該知道借標籤、貼標籤有多麼好用，而故事行銷為商品說一個故事，你也可以將故事當成一個巨大的標籤，一個我們編寫出來的獨創標籤。

我心中認為最會做故事行銷的，就是日本的媒體了。他們不只會說故事，還能為故事精準下標、封號、濃縮口號，讓封號可以拋下故事獨立飛翔，來看下面這個例子：

日本有一位木村秋則老爺爺，因為執行不施肥、不灑農藥的自然農法，花了整整十一年才成功讓蘋果樹開花結果，也讓蘋果有了獨特的風味，號稱放兩年都不會壞。

有人形容木村的蘋果說：「當吃了一口之後，全身細胞因為吃到了好東西而感到喜悅。」有上千位民眾寫信給他說：「希望可以吃到木村先生的蘋果，哪怕只有一次都好。」他種的蘋果被日本媒體稱為「奇蹟蘋果」。

以上故事就是一個大標籤，貼在了蘋果身上，再濃縮成「奇蹟」兩個字。你一定也很想試試全身細胞都喜悅的感覺吧！我們再看一個例子：

日本一位八十六歲的村嶋孟老爺爺，在大阪經營大眾食堂，一煮就是五十多年，他以「古法」煮飯，從選米、淘米到煮米，一鍋飯要花上十五個小時，也讓他煮出的飯有「銀飯」之稱，吃過的人忍不住讚嘆，「他煮的飯有靈魂。」他本人也被日本媒體封為「煮飯仙人」。

以上的故事同樣是一個大標籤，最後濃縮成了「仙人」兩個字。想一想，仙人願意煮飯給我吃，一碗飯就算比外面貴三倍也超級值得啊！

歐美企業中，在我心中的故事行銷冠軍是蘋果電腦創辦人賈伯斯。《賈伯斯傳》中，收錄了一則這樣的故事：

賈伯斯曾經看著麥金塔電腦中的印刷電路板，對工程師說：「零件看起來很漂亮，但是你們看看那些記憶體晶片，線畫得太近，所以擠成這個樣子，實在醜死了。」有個新來的工程師說道：「那有什麼關係，只要跑得順就好了，誰會去盯著電腦電路板？」

賈伯斯說：「即使電路板藏在電腦裡，我還是要電路板盡可能漂亮。一個好的木工在釘櫥子的時候，會用一塊爛木頭來做背板嗎？」

你想想，一般人聽到這個故事會怎麼想？一台連看不到的地方都這麼講究的電腦，其他地方肯定也做到頂尖囉，這電腦絕對值得買！

事實上，蘋果電腦有太多像這樣的故事，例如 Apple Watch 手錶螢幕預設的「花朵」封面照，當初就宣稱攝影團隊拍了兩萬四千張照片，才得到最好的一張。

你也可以想想，無論是《賈伯斯傳》中的對話，還是為了一張開花照片拍兩萬四千次，你覺得這些故事是真的嗎？還是這其實是一場精心設計的故事行銷，宣傳蘋果電腦對細節的講究呢？

話說回來，將「借標籤、貼標籤」寫在本章之中，也是因為當你在修潤故事時，同樣可以思考「標籤」這個概念，透過故事，你想將什麼價值與想像貼在商品身上，這也是我們修潤的依據。

這兩章的內容，我們從製作流程談到修潤方法，已經足以讓你按部就班寫出故事、修好故事。但**學到的終究只是「知識」，真的用上才是「本事」，希望能看到你真的嘗試寫寫看，將書上的知識變成你的本事。**

最後一部分，我想跟你分享，故事吸附在各種載體的模樣，驗證前面講過的故事技巧，同時隨著案例補充一些比較細微的故事技術。

PART 4 EXAMPLE

經典範例解析

19 瘋傳社群貼文解析&訣竅

人物＝經歷＋動機

二〇一六年全聯福利中心的粉絲專頁辦了一場火鍋料的票選。選項有：高麗菜、金針菇、梅花豚、燕餃、王子麵、鯛魚片。讓網友投票哪個是他們最愛的火鍋料，這則貼文超過了四千人次的分享。

全聯除了幫每一種火鍋料都取一個封號＋Slogan之外，在這波操作中最成功的一點在於，全聯小編為每一種火鍋料都開了粉絲專頁（現在已被修改為各種飲料），讓這六種火鍋料可以發言互相嘲諷、拉票，與網友互動。

辦票選不稀奇，但是將火鍋料擬人化就很有趣了，你這輩子應該沒試過跟高麗菜聊天，它還會回你吧！

雖然我們創作商品或品牌故事通常都有真實經歷當素材，有真實人物的言行可以記錄使用。但如果有天，你需要創作一個虛構故事，故事中人物的言行都需要憑空構思，那就可以用到本篇的人物塑造技巧。先分享一個人物塑造萬用公式：

人物＝經歷＋動機

經歷決定了人物的性格與背景資料，動機決定了人物的言行決策。

當你可以設定出人物的經歷與動機，說什麼做什麼都有一個參考依據，人物就有前後的一致性，說話不會顛三倒四，也就比較擬真了。

在六個品項中，風格化最強烈的就是「梅花豚」。其他的粉專大抵都是偏向輕搞笑的風格，但只有梅花豚選擇走向邊緣人文青風。它是六個品項中唯一會寫詩的，在粉絲團上還連載了自創的《豚之心語》：

- 沒有肉的火鍋，猶如，沒有附上巧克力的告白信。
- 沒有肉的火鍋，猶如，沒有局的週五下班後。
- 沒有肉的火鍋，猶如，沒有好好說再見的一場戀愛。

當後製團隊幫「梅花豚」設定了「邊緣人文青風」的人格，它的發言與留言就有了一個大致規範，當有女網友留言：「你是我心頭肉。」梅花豚也會順勢回應：「我想成為妳的嘴邊肉。」像寫詩一般地撩妹。

另外根據人物的「經歷」，也可以成為對話的靈感來源。

像「金針菇」的粉絲團，有次發文跟網友話家常說：「低溫來襲，我知道，大家一定很不想洗頭。以我多頭經驗告訴菇粉們，我選擇不洗，或是約朋友泡湯順便洗。」

這就是從生活中民眾常常嫌麻煩不洗金針菇的經驗（也就是金針菇的過去經歷），發展出擬人化的說詞。

另外網友們最喜歡看的，莫過於各個品項還會吵架酸對方，因為設定了「明星票選」，所以每個品項都有一個明確「動機」，就是要拉票、要獲勝、要踩對方。

像梅花豚就會故意在鯛魚片的留言串下拉票說：「我熟了也不會散。」暗酸鯛魚片煮熟容易散掉。

當高麗菜以第二高票落選時，它卻發文說：「自行宣布當選～」這時燕餃就在貼文下留言：「麗菜，醒醒吧！你沒有當選。」

當全聯粉絲團發布票選冠軍並貼出金針菇的照片時，高麗菜還會留言偷酸：「是不是放錯麗菜的照片了？」（暗指它才是冠軍）這時金針菇也留言回嗆：「我好幾十顆頭都在瞪你。」這句留言也符合金針菇的設定。

全聯的火鍋料擬人化就靠從經歷找話題，再由動機構思它們會說什麼話、怎麼應對，熱熱鬧鬧完成了一波社群行銷操作。當未來你也需要虛構故事或虛構人物時，別忘了這句心法：

人物＝經歷＋動機

設定人物過去發生過什麼事？人物想要做什麼？人物在故事中的應對都不能違背「經歷」與「動機」，必須合情合理有一致性，這樣就能讓人物的言行更真實！

20 有感電視廣告解析&訣竅

不明說，讓觀眾自己看懂的，永遠比較美

電視廣告總喜歡做得誇張搞笑，或是編成歌曲或順口溜來加深印象。沒辦法，因為電視露出的時間只有幾十秒，只能先求留下印象囉。受限於時間，在電視廣告能說故事也格外困難。

二〇一二年，台灣高鐵搭配著年節將近，推出了一支返鄉廣告，短短四十秒卻能打動無數觀眾，連 S.H.E 的 Selina 也深受感動，甚至有網友說，看了都快哭了。到底是怎麼做到的呢？請你先掃描下方 QR 碼看看這支廣告。

台灣高鐵的影片連結

我們用前面學到的故事技巧來解析，它做對了三件事：

1.物件暗示

想一想，影片中哪些物件讓你覺得特別有感觸？

我點出四個重點物件：腳踏車、白鯧、手機、小尾魚。這四個中，除了白鯧，其他三個「腳踏車、手機、小尾魚」其實是在傳達同一個概念。

一尾六百元的白鯧，對一般家庭來說已經算滿貴的魚了。當爸爸願意買這麼貴的魚，可以傳達爸爸為了女兒「多好都願意付出」的心態。

另外三個物件的功能，則都在傳達「爸爸自己不用過太好」的概念。當爸爸一聽到女兒不回來了，就說「換小尾的就好了」，這時小尾魚與白鯧就是最直接的對比呈現。

爸爸接手機的時候，拍攝角度也刻意讓你看到手機的外型，很明顯是最陽春、最不講究的手機。而爸爸的腳踏車也是最平民的菜籃車，連個變速功能都沒有，只是能騎而已。這兩個物件都在暗示爸爸平時的生活很簡樸節省，不太會花大錢。

由這兩個物件助攻，小尾魚主攻，再與白鯧做對比看出落差。爸爸的心態「我不用過太好，但女兒要過好一點」就不言而喻。

好的物件使用，就是要能讀出人物潛在的處境與心態。不明說，讓觀眾自己看

懂的，永遠比較美。

2. 情感運用

影片中運用的情感類型是「親情」。在台詞中又可以讀出三大哭泣元素中的兩個：「離別感」與「逞強感」。

最後女兒說不回來了，爸爸想念女兒卻無法見到，這種分隔兩地的思念，就符合了「離別感」的要素。

爸爸聽到女兒沒時間不回來，他在電話中的台詞：「這樣啊，好啦好啦，有時間再回來。」再搭配爸爸的表情，有種「無奈失落卻無法說什麼」的感覺，畢竟女兒工作忙，爸爸還是要讓女兒以工作優先，見面只好以後再說了。

這種失望難過卻不能說的感覺，就是「逞強感」的應用。

人皆有家人，親情本身就是一個大眾最容易有共鳴的情感，短短四十秒，有父女的離別又有爸爸的逞強，難怪可以如此動人。

3. 擬真細節

在第十二章〈具體〉這一篇我們有請你多寫人物具體的動作與真實的對白，可以幫助還原場景，容易想像畫面。本影片雖然已經有畫面了，但它的許多小細節依然處理得非常生動真實。

當賣魚老闆娘說：「白鯧一斤六百，剛好六百。」

爸爸說「剛好六百？」後，有一個差不多一秒的停拍，表示爸爸腦中正在思考，接著說：「好啊，不然就買這條。」

有意思的是，爸爸在說出「好啊」的同時，臉上竟然出現了有點開心的笑容。你覺得爸爸在開心什麼呢？

這條魚這麼貴，老闆也沒算便宜，爸爸當然不是開心撿到便宜。順著爸爸的動機思考，剩下的可能性就只有：爸爸想到能讓女兒吃好一點（可能還想到女兒滿意的表情），爸爸也忍不住開心了起來。

一個自然的笑容，就流露爸爸對女兒的疼愛與回家的期待。

另外當爸爸跟魚販說「換小尾的就好了」之前，爸爸還說了一句「歹勢啦（不好意思）」，這句話不加不會怎麼樣，但加了很不一樣。

1. 它非常有真實感，很像真人會說的話，也符合爸爸全片中一致的老實形象。

2.「歹勢啦」可以看作是一句輕輕的口頭禪，但在意義上，它其實也代表爸爸為了女兒而顯得卑微，更添加心酸的感覺。

另外如果你夠注意聽，爸爸的對話還有許多口頭碎語，像是他說「想買白鯧幫你補一下」後面有句小小聲、不明意思的「嗨嘩」。而他說「有時間再回來」其實說了兩次，第一次說到「有時間再……」就轉小聲沒說完，像是聽到另一頭的人正在說話，所以先停下，等對方說完。

這些碎語都符合真實說話中的語境，一旦觀眾被這些小細節說服影片的真實性，情感就會直線上升。

最後，我想留下一個開放題讓你思考，想一想，為什麼來買菜的是爸爸而不是媽媽呢？為什麼在外地的是女兒而不是兒子呢？

當我們明白故事所有設定、鋪陳、細節、對白都必須朝作者意圖推進，就可以想通它們的用意囉。

21 人氣平面文宣解析&訣竅

一旦讀者認同了主角，與主角產生情感連結，這時故事就先成功一半了

二〇一四年日本有家串燒店的店內海報，被日本網友拍下照片放在推特上，短短四張海報就引起超過四萬名網友轉發，也一路紅到台灣來。這四張海報有什麼神奇之處呢？

這四張海報其實是有順序的。第一張海報的內容是，一隻雞站在路上、背著包袱，包包上斜插著一把快跟牠身體一樣長的大蔥。這隻雞看著前方漫長的道路，心中下了一個決定：「那麼，我就去當蔥香烤雞串吧！」

第二張海報，雞坐在飛快行駛的電車上，看向一片綠地的窗外，牠心裡想著：「如果可以把今天早上生下來的雞蛋帶著就好了……」。

第三張海報，雞已經下了車，走在路上卻被一隻兇猛的狗追著，牠拔腿迅速逃

跑，心裡想著：「我絕不能在這裡被吃掉！」

最後一張海報，經過重重關卡後，雞終於抵達了串燒店的門口，牠對著店內大喊：「食材到了喔！」牠的冒險也在此畫下了句點。

老實說，如果我是在串燒店裡看到這些海報，我應該會看著手裡的雞肉串哭吧！這隻雞下定決心、克服重重困難後，被做成了我手中的雞肉串，這叫我怎麼吃得下去啊！到底這份瘋傳的海報做對了什麼事呢？

1. 主角認同

主角雞在四張海報的行為與四句對白，其實都有一個潛藏的動機，那就是「我要去給人類吃」。

「那麼，我就去當蔥香烤雞串給人類吃吧！」「如果可以把今天早上生下來的雞蛋帶著給人類吃就好了……」「絕不能在這裡被吃掉！我是要給人類吃的！」「食材到了，可以吃了喔！」

這隻雞的每一個念頭都是在為我們著想，準備好為了我們犧牲自己。我們自然會發動「惻隱之心」，反而同情牠，把牠當成朋友，不忍心讓牠犧牲了。

當我們忍不住對雞產生同理心，我們就會跟他站在同一陣線，一旦讀者認同了主角，與主角產生情感連結，這時故事就先成功一半了。

2. 情感運用

當我們看完海報，我們其實已經認同了主角，把主角當朋友，這時再想到「牠被做成雞肉串」，天啊，我的朋友被做成了雞肉串！而且牠還是為了我自願犧牲！這時「離別感」就大爆發了。

同時這段旅程中，雞從來沒有自怨自艾過，牠說「要去當雞肉串了」說得輕描淡寫；第三張說「絕不能被吃掉」有種決心感；最後「食材到了喔」則是有種任務達成的滿足感。不管怎麼樣，牠沒有露出一絲難過，但這明明是超級值得難過的事啊！

該難過的時候，卻表現開朗堅強，這就是「逞強感」的應用。雙「感」齊下，所以我們心中會有著濃濃的哀傷。

3. 視角對白

如果海報的對白變成第三人稱視角的寫法，會變怎麼樣呢？

「這隻雞要去當蔥香烤雞串。」「這隻雞希望能帶上早上生下的雞蛋。」「這隻雞不想死在這裡。」「這隻雞抵達成為食材。」

改成這樣是不是就沒有那麼有趣、生動、感人了呢？在第十二章〈具體〉中我們學到了，要多寫可以讀出情境的原始對話。當對白被改成第三人稱，變成中立客觀的說明，就讀不出人物心中的微情緒了。

特別是文字語氣的運用，哪怕只改一點點，話者的心態都是不同意思，例如：「那麼，我就去當蔥香烤雞串吧！」如果改成：「好吧，我就去當蔥香烤雞串吧！」「那麼」有種「覺悟感」，「好吧」則是「無奈感」。這些看似不重要，可有可無的文字，其實都會默默影響對著對話者的觀感。

三個技術點總結來說，從雞的視角使用第一人稱來說話，透過對白的語氣看出話者的情緒心態，讓主角是討喜、令人感動的，最後結尾則帶有淡淡的哀傷與心疼，就完成了這一波超人氣的平面海報。

無論是讓看完的人捨不得吃雞肉，或是讓人心懷感激地吃下每一口雞肉，在讀者心中都已經讓這隻冒險的雞，成為了我們重視的朋友。

瘋傳網路的日本串燒店海報（圖片來源：比内地鶏専門とりしげ）

22 有感微電影解析&訣竅

我們按照結構設計故事，是為了確保它是個有起伏的故事

泰國廣告的水準國際知名，它們特別擅長拍攝廣告微電影。但其實泰國廣告（尤其是溫馨勵志類的廣告），多數都有一個明確的套路。

在第八章〈發展故事情節〉中教了「反常／困境／改變」的三段結構，但還記得結構最核心的心法嗎？**所有的結構都是為了創造巨大的情緒落差。我們按照結構設計故事，是為了確保它是個有起伏的故事。**

三段結構中的情緒起伏會像下圖，但如果希望將落差拉得更大，可以將中間的困境再拆成兩半，前半段叫「上

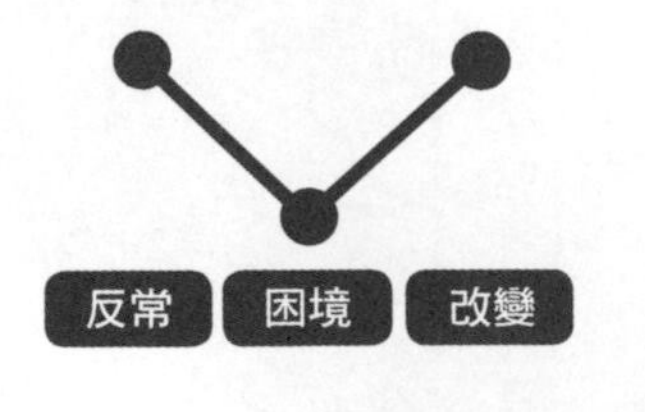

三段結構

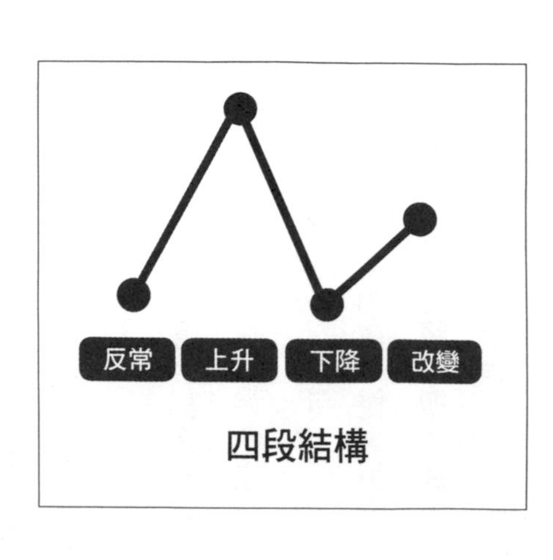

升段」抬升情緒，後半段叫「下降段」急降情緒，情緒落差就會更大，如上圖。

所以拆成四段結構後，可以更有效拉開情緒落差。但若你對於如何設計四段結構的故事還不太有概念。建議你可以練習找出故事中的「三個轉折點」事件。它們分別是：

跨越點：由此事件看出主角下定決心，發起挑戰、跨出舒適圈，開始順境。

反轉點：由此事件開始，順境轉為逆境，壞事接連發生，跌至谷底。

反彈點：由此事件開始，逆境出現轉機，好事發生，有了好的結果。

這三個轉折點是多數戲劇、電影、大眾小說都會安排的設計，這三個點會將故事切成四段，也就是四段結構。只要有設計這三轉點的事件，故事的起伏就被拉出來了。

現在你可以掃描下方QR碼，先看這部泰國廣告《水上足球隊》，也請你做個小練習。嘗試在看影片找一找：哪個事件是跨越點事件？哪個事件是反轉點事件？哪個事件是反彈點事件？

如果你看完影片了，你應該可以說出答案。我先嘗試將影片中所有的事件都條列出來，像這樣：

1. 泰國攀易島上有群愛看足球的男孩們，有天他們決定組一個足球隊
2. 可是島上建築大多建在水上，沒有足球場，大人也笑他們不會成功
3. 男孩們決定動手建造一個水上的足球場
4. 球隊開始在不穩、濕滑的水上足球場上赤腳克難練習
5. 有天得知將舉辦球賽，球隊決定參加，大人們也提供服飾並到場加油
6. 球隊實力堅強，一路過關斬將
7. 準決賽下起大雨，對手實力強悍，他們鞋子進水、腳步被拖慢
8. 上半場被對方得了兩分，隊伍士氣低落
9. 男孩們決定脫下鞋子，赤腳踢球

泰國廣告影片連結

10. 擅長赤腳踢球的男孩們，反追兩分至平手
11. 比賽最後一分飲恨，但男孩們已經很高興
12. 如今他們有了新場地，也成為泰國南部最好的球隊之一

這稱為「條列式大綱」是在寫故事前可以使用的準備工作，幫你看出故事整體的因果與轉折。現在我要公佈「三轉點」的答案了。

影片中的「跨越點事件」是條列的第三點，主角們嘗試突破沒有場地的限制。接著就進入了「上升段」，他們練習、參加比賽、有大人加油、比賽過關斬將，大抵都是順境。

之後「反轉點」發生了，條列的第七點，比賽下起大雨，對手又強，賽事進入了「下降段」，鞋子進水拖慢步伐，他們無法發揮實力，接連失分，看似要輸了，來到最低潮。

最後「反彈點」條列的第九點，他們脫鞋子之後找回實力，差點打敗強敵，雖敗猶榮，也讓小島帶起了足球風氣。

如果我們將影片中的事件畫成情緒曲線會長得如下圖，標準的四段結構設計，反白字的就是三大轉折點。相對於三段結構會更好做出落差感。

學到這個技巧後，你在看所有英雄片、喜劇片、愛情片、動畫片的時候，可以找出它們的三轉點分別是哪三個事件，這時你會驚覺它們其實都是老老實實照著同一套方式編出來的，這就是商業電影的勝利方程式。

回到你的故事中，想將落差做得更大，同樣也先可以設計三大轉折點，由三點拆分四段結構設計喔！

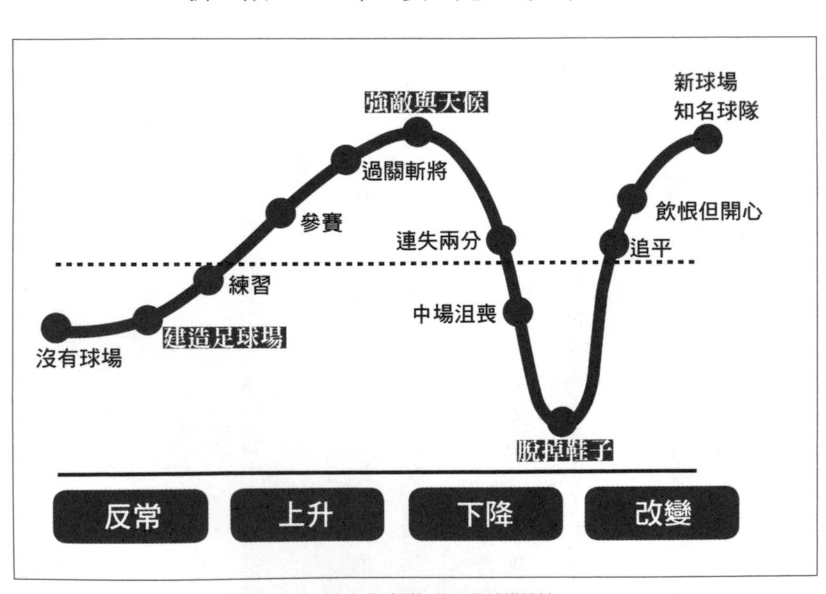

廣告〈水上足球隊〉的四段結構設計

23 生活時事議題解析&訣竅

好故事，你只出一分力，群眾會幫你出九分

生活時事篇，我們來談一談台灣人兩年一度的全民運動：選舉。

二〇一六總統立委大選過後，令人驚奇的是時代力量以三位分區加上兩位不分區立委成為國會第三大黨。

最被人關注的三位候選人：黃國昌、林昶佐、洪慈庸。竟然奇蹟式地全勝，很難想像這是一個剛成立的新政黨能達到的成績。

我用「奇蹟」來形容，不是因為他們不好，而是他們挑戰的都是極為不利、黨派立場明確的艱困選區。即便三場全敗，相信大家也會稱讚雖敗猶榮，更何況要三場全勝。

在開票之前，沒有人會想到是這樣的結果。為什麼這三位新人能成功扳倒三位

老將呢？其實在「角色設定」上，三位都巧妙達成了一些「英雄故事」的效果。讓我一一介紹三個戰場：

第一場：黃國昌對李慶華

黃國昌，論述清楚而強勢的高知識份子，從反媒體壟斷到太陽花學運，不斷親上火線，連署、演說、辯論，戰神之名不脛而走。

光是「戰神」這封號，已讓他奮勇、敢戰、能論的形象栩栩如生。

對上八連霸超資深的立委李慶華，黃國昌毅然辭去終生職，表明不留退路、破釜沉舟。這種悍然衛道、義無反顧的形象，不就是英雄故事中常見的設定：

主角必須奮鬥不懈、無懼挫敗，必須有所犧牲、成敗賭注必須加大。

這樣一看，黃國昌是不是就像戲劇中的英雄，孤身一人正對著千軍萬馬叫陣。這就是一個很強烈的人格形象。

第二場：林昶佐對林郁方

林昶佐，挑戰傳聞中的必敗之地，對手是五屆立委林郁方，但他卻秉持著：「你越看不起我，我就越有機會」的小人物原則，不斷累積力量一舉爆發。

形象文宣不遮掩自己的過往，反而強打：「我長髮、我刺青，我將進入立法院。」這就是故事法則中的：

主角要有鮮明的形象，最好本身帶有強烈的矛盾。

一個重金屬黑死腔的搖滾歌手，搖身一變化作力圖改革的政治素人，這劇情可比日本的麻辣教師GTO或台灣的流氓教授，無論勝敗都值得拍成電影戲劇。

選前最後兩場破萬人的演唱會一口氣衝出氣勢，搭配全球媒體爭相報導，吸走電視媒體版面，這種比漫畫還熱血的劇情，讓本來最不可能贏的地區竟然奇蹟式地翻盤。

怪咖打敗老古板、小蝦米扳倒大鯨魚，每年有多少戲劇都是拍這一套，但觀眾還是人人愛看，現在搬到現實生活中上演，你能不鎖定嗎？

第三場：洪慈庸對楊瓊瓔

洪慈庸，洪仲丘的姐姐，公民覺醒（白衫軍）的象徵人物，溫和強韌、不卑不亢的形象深植人心。

素人首次參政，卻對上二十六年從沒輸過選舉的不敗立委楊瓊瓔。其實，光是「不敗」這兩個字，已經讓楊瓊瓔吃了點小虧。

沒有人是不敗的，尤其是小打大、初生打老練、單純打世故的戰局，市井小民當然不自覺會站在小、初生、單純的那一邊，這是我們自小接收的故事邏輯使然，民眾都是反大、反把持、反權勢的。

而洪慈庸從戴著口罩、不願捲入政治，到脫下口罩走入人群誓言參選，這不也是故事規則中的：

主角必須經過明顯的「改變」，從消極被動到主動面對。

最重要的，無論洪慈庸有沒有刻意營造，她的參選始終帶有一種「討公道」的色彩，在傳統的俠義故事中，討公道一向是人民支持的行為。

這三場選戰充滿強烈故事性背景，很容易讓民眾自動透過口耳（網路）擴散。這就是故事行銷一旦成功的特性：

好故事，你只出一分力，群眾會幫你出九分。

選舉真的很殘酷，部分選民是只看形象，光憑感覺與印象投票。當你的選將本身充滿故事性，自帶好的標籤光環，自然能贏得其他候選人求不到（要花大錢）的曝光與議題，得到珍貴的一票。

我們從小看到大的小說、電影、戲劇、動漫都是一慣的英雄故事套路，也是民眾最買單的設定：

1. 誰都想看主角形象鮮明、打破束縛。
2. 誰都想看主角放棄一切、背水一戰。
3. 誰都想看主角代表市井群眾，挺身而出。
4. 誰都想看主角從平凡素人一步步變成英雄。
5. 誰都想看主角從一個身陷困境的弱勢者，最終打敗強大者，達成逆轉勝。

這就是大家都愛看的故事、大家都期待它有一個完美結局。

當然，選舉的變數很多，不可能光靠一個故事行銷就能打贏選戰。但回到故事的常見設計：

1. 弱挑戰強
2. 窮挑戰富
3. 初生挑戰世故
4. 新形象挑戰刻板印象
5. 積極主動挑戰守成被動
6. 機會渺茫中挑戰不可能，願意賭上一切

故事效應肯定無形中為三人加了不少印象票，這就是故事的力量，大腦就是抗拒不了這種故事戲碼。

小人物奮戰不懈，直到打倒大怪獸。這絕對是最容易讓市井小民產生共鳴的設定，很老哏，但真的很好用。

但難道選戰都這樣操作就會成功嗎？當然不，**你雖然小，但要讓大家看得見你**，

需要持續曝光的刻意操作，而不是真的小到沒人注意。所以選將本身的故事性、話題性要夠吸引目光與媒體報導。

第二，如果你其實一點都不小，明明出身權貴卻硬要說自己一無所有，這種操作只會讓人更討厭。明明很大就不適合這套故事了，你該走的是「霸道總裁」之類的劇本，這也是當年美國總統川普設定的故事形象。

還記得我們在第一章提過的：**當事件本身有太多複雜的變因，我們會渴求能有一個簡單的依據幫他們做判斷，這個依據往往就是心理印象。**

選舉就是標準的複雜資訊戰，相信我，這個技巧未來肯定還會變本加厲地上演。

24 爆紅 TED 演說解析&訣竅

演講三招：切身、簡化、奇觀

你知道每年殺死最多人的生物是什麼嗎？

我先公布第三名是「蛇」，每年會殺死六萬人。再來第二名是則是我們自己「人類」，每年會殺死五十八萬人。人類也是最常被猜成第一名的答案。既然人類只拿第二，還有什麼生物能奪得第一呢？

也許有些人會猜細菌、病毒、寄生蟲之類的，這些答案都算擦到邊了，因為真正的第一名就是這些傳染病的好助手——蚊子，每年會殺死八十三萬人。

蚊子可傳播瘧疾、黃熱病和登革熱等等傳染病。尤其是瘧疾，微軟的創辦人、前世界首富比爾蓋茲也曾說過：「每分鐘世界上就有一個孩子死於瘧疾。」

多年來比爾蓋茲也一直致力於瘧疾的防治工作，親自出錢出力宣導。在二〇〇九年的 TED 演說上，他就花了一半的時間講瘧疾防治。

當然這會是一個嚴肅的議題，需要提到不少資料與數據，所以可以想像內容應該頗為沉悶。但演說完的隔天，比爾蓋茲卻成功讓各大媒體版面報導他的演講，除了他是比爾蓋茲之外，他到底做了什麼事呢？方法很簡單，那就是讓大家都受害。

演講剛開始的五分鐘，比爾蓋茲的內容真的不算太有趣，他提到了兒童歷年的死亡率、疫苗的普及、瘧疾的歷年致死人數、瘧疾流行區域的歷史變化。

以上光看就知道不是那種會讓人充滿興致一直想聽的內容，比爾蓋茲也知道。所以他在聽眾注意力快要渙散的時候，將桌上的透明罐子打開。它不是一個空罐子，它是裝滿蚊子的罐子。

比爾蓋茲就這樣放飛蚊子，讓在場聽眾感受蚊子的嗡嗡聲，身處被叮咬的危機。前一刻他才剛讓聽眾得到一個資訊，瘧疾由蚊子傳染，每年殺死百萬人。下一刻就放出蚊子飛入人群，宛如生化攻擊。

雖然比爾蓋茲故意停頓一下之後，有說明這些蚊子並沒有帶病。但蚊子都已經被貼上了「壞標籤」，聽眾仍會不由得緊張害怕。

這招成功讓聽眾拉起注意力、印象深刻，也讓媒體爭相報導，關注這個議題。

它其實就是我們在第十六章〈機制〉中講過的「切身法」。

1. 切身相關

因為人只會關注與自己息息相關的議題，無論比爾蓋茲怎麼跟我們說「每分鐘世界上就有一個孩子死於瘧疾。」我們也不痛不癢、不會在意，只因為它實在離我們太遙遠。

比爾蓋茲放蚊子這招，就是要讓危機與你我有關，你就會注意且在意。同時這招也滿足了另一個機制：奇觀法。

2. 震撼奇觀

從來沒有想過有人會這樣做、前所未見，所以自然成為媒體報導、民眾談論的話題。

我四年前參加過一場講座，講者要形容自己當年肺泡破裂的病史時，他拿出了一個透明塑膠袋吹滿氣，全場聽眾就錯愕看著他在台上吹氣。當氣吹滿後，他像拍破汽球一樣，用手大力一拍，「砰」地一聲拍破透明塑膠袋，聽眾都嚇了一大跳。

雖然這樣的肺泡破裂比喻不見得精確，但過了四年，我都忘了他說過什麼內容，但我依然記得他的這件「奇觀」行為。

3 資訊簡化

最後一招，比爾蓋茲在演講中同樣有將一些難懂的概念，簡化成好懂好記的說法。在演說的後半段，他談論的議題是「教育系統的改革」，要讓人人的受教育權是平等的。

當他說出統計數字時，的確相當難有感覺，像是：高三學生的輟學率超過百分之三十。少數民族的學生輟學率超過百分之五十。即便高中學業，來自低收入家庭的學生只有百分之二十五能完成大學學位。以上的說法就是照搬數據，真實精準但冰冷。所以比爾蓋茲又補充了一句：

「在美國如果你是低收入戶的話，那麼你進監獄的機會，反而高於你獲得大學學位。」

他將進監獄與大學畢業相比，就清楚凸顯了教育對於低收入戶的不公平與潛在的社會危機。此句立刻成為本次演講的金句之一。

還有一句更妙，當比爾蓋茲展示現今世界上瘧疾流行的地區時，可以發現一個現象，只有在貧困的國家中才會受到這疾病的肆虐，因為他們缺乏資金（研究、藥物與設備）對抗瘧疾。這時比爾蓋茲說：

「我們投入研發治療禿頭的資金，比研究防治瘧疾的還多。」

同時他還幽默補充：

「當然禿頭超可怕，有錢人都飽受痛苦。這也是為甚麼它比投資瘧疾還來得重要。」

全場頓時響起笑聲與掌聲，這句話也成為了人們印象深刻、津津樂道的金句。

登台演說或做簡報就是大量倒資訊給聽眾的過程。如何讓聽眾在意、聽懂、記住就可以使用這三招：

1. **切身**：讓聽眾知道這講題跟你有關，建立連結，引發好奇與在意。

2. **簡化**：善用譬喻或類比法，由一個熟悉的事物搭橋，讓概念更具體。

3. **奇觀**：從講題出發設計一個前所未見的橋段，爆點就是記憶點。

還記得二〇一八年爆紅的「蜂蜜檸檬」與「人生短短幾個秋」嗎？它們也是政見辯論會上的奇觀，在龐大的資訊中多數民眾難以記得細碎的政見，只記得要去買一杯蜂蜜檸檬、哼著歌曲呢！

25 人氣節目腳本解析&訣竅

我不是為了我自己，我是為了我兒子與每一個人熱愛 Hip-hop 的人

二〇一七年中國刮起了一股嘻哈旋風，一檔饒舌說唱歌手的選秀節目《中國有嘻哈》也紅到台灣來，許多人爭相模仿節目明星吳亦凡的口頭禪：「你有 Freestyle 嗎？」

其中節目前半段，最引起觀眾討論的就是蒙面參賽者「嘻哈俠」。不得不說節目能成功，「嘻哈俠」的設計絕對是相當重要的存在。而節目的編排剪接，完整呈現了一個英雄的奮鬥故事，也呼應我們教過的故事技巧。

第一：讀者一開始必須認同或支持主角

在訪談中嘻哈俠說，有次聽到他的兒子跟同學聊超級英雄，有同學說他喜歡

Iron Man（鋼鐵人），有同學說他喜歡 Spider-Man（蜘蛛人），而自己的兒子卻說：

「我喜歡我爸爸，我爸爸是 Hip-hop man。」

所以他決定用「嘻哈俠」的身份參賽。（註：因中國翻譯為鐵甲奇俠、蜘蛛俠，所以用嘻哈俠）這是一個為了自己兒子的故事啊！

同時他也希望隱藏真面目後，人們可以專注在他的音樂，而不是他個人的過去。

他說：

「嘻哈俠代表的是每個喜歡 Hip-hop 的人，所有喜歡 Hip-hop 的人都是嘻哈俠。」

天啊，就不就跟電影《食神》中周星馳說的：「只要有心人人都是食神」同一個道理。嘻哈俠在此已經將自己的動機「崇高化」。

我不是為了我自己，我是為了我兒子與每一個人熱愛 Hip-hop 的人。

透過這兩段訪談，觀眾心中已經對「嘻哈俠」有好感了。但還不夠，觀眾還是想知道他到底是誰？其實從他的演出與身體特徵，網友很快推理出他就是華裔傳奇饒舌歌手「歐陽靖」。

歐陽靖最狂的事蹟，就是在美國著名的繞舌對戰節目連續拿下七周冠軍，打敗了無數看不起他的白人、黑人選手。

你想想，他是在黑人的場子、用黑人最引以為傲的饒舌，打敗他們。天啊！這事蹟堪比李小龍與葉問，一個戰勝歧視、打敗外敵的民族英雄，誰能不支持認同！

第二：陷入困境，期待主角能得到解救、走出困境

既然嘻哈俠實力堅強、理念崇高、聲譽顯著、眾人拜服。不然比賽直接頒冠軍給他好了，也不用比了嘛！

但是慢著，嘻哈俠就跟超人怕氪星石一樣，也是有致命弱點的。那就是《中國有嘻哈》就應該是多用中文來饒舌，但歐陽靖的中文連說都說不流利，自然多數饒舌還是使用英文。

評審熱狗也說了：「我們第一屆出來的優勝選手……他不應該是英文那麼多的

一個優勝選手。」這就是嘻哈俠的致命危機，當認同感已經建立，我們就會忍不住為英雄緊張。

他為了克服這項弱點，不停苦練，嘗試在英文中慢慢夾入中文、粵語。最後甚至要挑戰全中文演出，而節目組給他的時間只有短短二十四小時，從零開始寫詞、背詞　排演，他必須用自己的弱項去對戰別人的強項。他沒有怨言、拼盡全力，拿著手機翻譯不停練習，但表演成果真的不盡理想。

這樣的設計其實也涵蓋了我們在「機制」中提過了許多元素。

1. **矛盾：**嘻哈高手卻無法發揮實力饒舌。
2. **突兀：**成名高手卻歸零現身海選舞台。
3. **悲劇：**努力之後，仍然不盡理想，瀕臨淘汰。
4. **兩難：**評審必須考量實力受限與表現成果，決定是否淘汰他？

如此充滿衝突張力的設計，到此節目已經紅透半邊天，完全就是一場真人戲劇大秀！

第三：看見改變，呈現主題，崇高理念感召

最後嘻哈俠真的被淘汰了，但他沒有輸。皮克斯的說故事守則中，第一條就是寫著：

敬佩英雄的努力，多過於敬佩他的成功。

這是一個最完美的結果，因為嘻哈俠沒有被任何人打敗，他的敵人一直都只有他自己，而他也一直朝自己的弱點發起挑戰。

而在評審掙扎要淘汰誰的時候，攝影機拍到嘻哈俠小聲祈禱著，他不是祈禱自己別被淘汰，而是祈禱自己能被淘汰。他小聲說著：

「挑我吧、挑我吧，他們（他的競爭者）都值得留下，他們值得留下……」

在比賽中，他沒有想著贏，而是想著傳承給更年輕的下一代，這種無私的舉動讓他成為了真正的英雄。最後在這段歷程中，嘻哈俠自己也改變了、成長了。他在告別時說：

「這個經驗絕對改變我的生命，因為從很小我就已經愛上、然後把我的生命

交給 hip-hop……參加這個比賽，真的讓我有一個重生的感覺，好像我十六歲的感覺……重新再認識嘻哈……」

這正是主角改變，哪怕是一個傳奇級的人物，也在故事最後重新燃起熱情、找回最初的自己，蛻變到下一個階段。舞台上，歐陽靖含著淚眼笑著告別說：

「我哭不是因為我很傷心，是因為我很開心。」

離別感與逞強感再次爆發！在場的參賽選手無不流下眼淚。

原來，與其說《中國有嘻哈》是一檔實境選秀節目，不如說它是一場編排完美的英雄旅程，由真人為我們上演了一場感動人心的好故事。

結尾

靠故事行銷打動人心

所有的學習，最後一哩路叫做「實踐」

我深深相信故事有魔力，甚至故事有殺傷力。最後我想與你分享一個故事。

我曾經聽聞一位作家老師分享過，他曾經將自己的爺爺在安養院生活的情況，寫成文章發表，而他的確感覺到安養院提供的照顧有瑕疵與不足。對他來說，他只是如實將所見所感陳述。

沒想到這篇文章默默發揮了巨大的影響力，許多家屬看到文章後，立刻將他們的家人轉院，安養院也頓時陷入營運困難。

當作家再次探望爺爺時，院方忍不住向他大吐苦水說：「你害慘我們了。」並說明安養院並不是不想給老人家好的照顧，他們確實已經盡了全力，甚至一直都是虧損經營，也一直義務著照顧許多沒有家人的老人。

對院方來說，他們已經如此努力，傾盡所能，到底何錯之有？

雖然作家老師立刻發文澄清說明，可是安養院最終依然宣告倒閉。

這就是我想跟你分享的心得：

你眼見的事實，不一定是真相。

在複雜的世界裡，往往只有立場觀點，而沒有絕對的真相。

所以當你想運用故事技術包裝任何人事物或價值觀，請先問問你自己，你真的認同他嗎？他的正義有沒有無形中傷害了其他人呢？

當你想用故事技術攻擊任何人事物或價值觀，請先問問你自己，你是對的，就一定代表他是錯的嗎？他會不會也有他的崇高理念呢？

我常常提醒自己一句話：

「你是對的，他也可能是對的。」

故事技術沒有善惡，它只是工具，不懂說故事包裝的人，他依然可以用低俗的言語羞辱、用蠻橫的拳頭揮擊、用團體的孤立霸凌。

無論能用的工具是什麼，重點是「包裝者」或「攻擊者」，如何選擇該不該行動？

選擇出擊下重手之前，我們需要再三瞭解與溝通。

我們無法靠羞辱、拳頭與孤立霸凌來溝通，但值得慶幸的是故事可以。我們學會的故事技術，就是溝通的管道。

學會好好說一個故事，可以幫助我們的話更溫柔地傳遞，而且更容易被包容、被記住、被分享、被討論。

故事行銷的確是打動人心的工具，它可以是北風也可以是太陽，希望我們都能妥善使用它，讓世界充滿更多感動、希望與愛。

本書是將我近年到各大企業、公家單位、中小型廠商的客製化授課內容，整理為適用性較廣的作法，希望能讓你的商用故事規劃有明確的作法。

透過一系列七篇的案例解析，從貼文、平面、影像、時事、企劃、演說，我更想傳達的是「活用故事技巧」的觀念。

透過本書的故事技巧，至少我們可以先從解析做起，嘗試拆解生活中、網路上爆紅的議題涵蓋了哪些故事元素，為什麼他會紅？做對了什麼？**當我們要做任何宣傳、溝通、企劃項目時，都可以想一想可以運用哪些故事技巧呢？就算版面不夠說故事，故事行銷也依然大有可為。**

我始終相信，所有的學習，最後一哩路叫做「實踐」，少了親身實踐的過程，學習就沒有真正完成。希望你能真的寫下故事，用「實踐」為自己的學習加冕！

願故事思維成為你生活中繆思，為你帶來源源不絕的創造力。

感謝與書單

在知識的大海感謝有許多好書與演講成為我的巨人，是你們讓我能看得更遠、想得更多，對於本書完成有所幫助的參考書目與影片在最後列上並推薦給讀者，僅以此表達我對諸位大師感謝的萬分之一。

（按筆畫排序）

TED 演講《一個廣告人的生命啟示》羅瑞・蘇瑟蘭（Rory Sutherland）

《一寫就熱賣：照抄就很好用的 101 個推坑寫作術》山口拓朗

《小說課》《故事課》系列，許榮哲

《大小說家如何唬了你》麗莎・克隆（Lisa Cron）

《大腦會說故事》哥德夏（Jonathan Gottschall）

《先讓英雄救貓咪》布萊克・史奈德（Blake Snyder）

《你的點子需要牙籤》戴夫・卓特（Dave Trott）

《故事要瘋傳成交就用這五招》火星爺爺

《創意黏力學》奇普・希思、丹・希思（Chip Heath & Dan Heath）

《從零開始的獲利模式》于為暢

《賈伯斯傳》華特・艾薩克森（Walter Isaacson）

最後特別感謝我的恩師許榮哲老師，是他的才華、熱情與溫暖影響了無數寫作者，讓他們的生命更具意義，而我有幸成為其中之一。

一心文化　Skill 004

故事行銷：
寫文案，先學故事，照樣造句就能寫出商業等級的爆文指南

作者　李洛克
編輯　蘇芳毓
美術設計　Edison Kyo
內頁排版　polly（polly530411@gmail.com）
出版　一心文化有限公司
電話　02-27657131
地址　11068 臺北市信義區永吉路 302 號 4 樓
郵件　fangyu@soloheart.com.tw
初版一刷　2019 年 03 月
初版九刷　2022 年 04 月

總 經 銷　大和書報圖書股份有限公司
電話　02-89902588
定價　320 元

國家圖書館出版品預行編目（CIP）

故事行銷：寫文案，先學故事，照樣造句就能寫出商業等級的爆文指南 / 李洛克著 . -- 初版 . -- 台北市：一心文化出版：大和發行 , 2019.03
面；　公分

ISBN 978-986-95306-6-8(平裝)

1. 行銷學　2. 說故事

496　　108001957